DES
AMELIORATIONS A APPORTER

AU MODE DE

TRANSPORT DES ANIMAUX

PAR LES CHEMINS DE FER

PAR

Auguste Zundel

Vétérinaire à Mulhouse, secrétaire de la Société vétérinaire d'Alsace,
membre correspondant de la Société impériale et centrale de médecine vétérinaire,
de plusieurs sociétés vétérinaires, agricoles, etc.
Secrétaire-général du comice agricole de Mulhouse, membre fondateur de la Société des
agriculteurs de France, membre de la société protectrice
des animaux, etc., etc.

*Mémoire honoré d'une médaille d'argent
de deux cents francs par la société protectrice des
animaux à Lyon, qui avait mis ce sujet
au concours de 1867.*

PARIS

LIBRAIRIE AGRICOLE DE LA MAISON RUSTIQUE
26, rue Jacob, 26.

1870

ALTKIRCH. — IMPRIMERIE BŒHRER.

TABLE DES MATIÈRES

	PAGES.
Importance de la question.	1
Du mode d'embarquement et de débarquement.	4
De l'expédition des bestiaux. — Questions réglementaires.	7
Des Réclamations.	13
Du transport proprement dit. — Examen suivant les espèces.	15
Transport des chevaux. Grande vitesse.	16
Petite vitesse.	19
Transport des bœufs et des vaches.	23
Transport des veaux.	37
Transport des porcs.	39
Transport des moutons.	41
Transport des chiens.	43
Transport des volailles.	45
Transports des animaux non dénommés.	45
Des Accidents.	46
Nettoyage et désinfection des wagons des chemins de fer.	47
Résumé et conclusions.	51
Notes additionnelles.	53

PRÉFACE

Le travail que je livre aujourd'hui au public est resté pendant près de trois ans à l'état de manuscrit et le serait probablement resté toujours, si les sollicitations de quelques amis, et surtout de quelques administrateurs de chemins de fer étrangers, ne m'avaient engagé à donner de la publicité aux idées que renferme mon mémoire. Si la compétence me manquait pour traiter la question à fonds au point de vue administratif et commercial, pour contre pensé-je l'avoir convenablement traitée au point de vue de l'hygiène et de nos devoirs envers les animaux. Des circonstances exceptionnelles, un service journalier de police sanitaire aux gares frontières de Bâle et de Saint-Louis qui a duré près de trois ans, m'ont permis d'observer les avantages et les inconvénients inhérents à ce mode de transport et m'ont permis d'aborder la question mise au concours par la société protectrice des animaux à Lyon et qui était ainsi formulée : « *Quelles seraient les améliorations à apporter au mode de transport des animaux par les chemins de fer ?* »

Pour donner une idée de l'importance de la question je ne puis mieux faire que d'emprunter au bulletin de la société protectrice de Lyon, le commencement du rapport que lui a fait à ce sujet M. Saint-Cyr, professeur à l'École vétérinaire de Lyon, au nom d'une commission composée de MM. Gruat, Nypelz et Saint-Cyr.

« Le transport des animaux par les voies ferrées a pris rapidement un essor considérable. Rien que sur les chemins de fer français, il a été transporté, en 1866, bien près de cinq millions et demi d'animaux de toute espèce, et ce nombre énorme, selon toute vraisemblance, est destiné à s'accroitre encore dans l'avenir. »

« Il ne faut pas s'en étonner. — La rapidité des communications, la facilité des transactions commerciales ne comptent-elles pas au nombre des besoins les plus impérieux de notre époque ? — La consommation de la viande de boucherie ne s'accroit-elle pas d'année en année, de jour en jour, dans nos grands centres de population ? — Le luxe, la mode, le plaisir n'ont-ils pas leurs exigences ? — Et les chemins de fer, par le transport rapide des animaux considérés comme objets de commerce, — des bêtes de de boucherie, — des chevaux de course, — des chiens de chasse, etc., etc., ne donnent-ils pas satisfaction à tous ces besoins, à toutes ces exigences ?

« Mais si ce mode rapide de transport présente, pour le commerce et l'industrie, pour l'approvisionnement de nos cités, pour la satisfactions de nos plaisirs, d'incontestables avantages, offre-t-il au même degré, pour les animaux qui le subissent, les conditions de sécurité et de bien-être qu'on est en droit de réclamer pour eux ?

« Sans parler de ces accidents qui viennent de temps à autre jeter dans le public une émotion si profonde et si légitime, — et dont, malheureusement, les animaux ne sont pas seuls victimes, — les chemins de fer n'ont-ils pas pour ces derniers des *inconvénients spéciaux, dignes d'éveiller la sollicitude des sociétés protectrices ?*

« De quelle nature sont ces inconvénients ? Quelle est leur gravité réelle ? Sont-ils inévitables, ou tiennent-ils à des causes qu'il serait possible de faire disparaitre ? A qui, des compagnies ou des expéditeurs, faut-il les imputer ? Existe-t-il des moyens pratiques de remédier à ces inconvénients, ou tout au moins de les atténuer dans une large mesure ? Quels seraient ces moyens ? Voilà quelques-uns des points sur lesquels la société protectrice des animaux désirait appeler l'attention des hommes compétents lorsqu'elle a mis la question au concours.

« Nul, assurément, ne saurait méconnaître l'importance de cette question, ni l'opportunité qu'il y aurait à la résoudre. Du reste, ce qui prouve mieux que les plus savantes dissertations, combien, en la choisissant comme sujet de son discours, la société avait été bien inspirée, c'est l'empressement avec lequel les concurrents ont répondu à son appel : — Malgré la publication tardive du programme, six mémoires ont été adressés, dans les délais prescrits. »

Sans avoir eu la prétention de résoudre la question posée, j'ai cependant obtenu le prix du concours et c'est ce mémoire fortement revu, corrigé et augmenté, que j'ai l'honneur de présenter aujourd'hui au public que la question peut intéresser.

Le public auquel s'adresse mon travail est peu nombreux quoique des plus variés ; mon travail peut intéresser les marchands de bestiaux comme les administrateurs des chemins de fer ; il peut intéresser les agriculteurs, les vétérinaires et tous ceux qui ont quelque rapport avec nos animaux domestiques.

Quelques unes des indications qui se trouvent dans ce mémoire pourraient aussi s'appliquer au transport des animaux en navire ; car, comme le dit avec raison M. Blatin, « le mode d'embarquement des animaux que l'on transporte par navires, leur installation, leur hygiène à bord et leur débarquement laissent, dans bien des cas, beaucoup à désirer. »

Nous aurons l'occasion dans ce travail de parler quelquefois du vaste commerce international d'animaux de boucherie qu'a su provoquer l'établissement des grandes lignes de chemins de fer, commerce qui réclame surtout de grandes améliorations. Nous devons dire ici qu'il serait du plus grand intérêt de la police sanitaire vétérinaire de faire examiner sur les lieux ce mouvement d'animaux qui ne date que de quelques années et qui sait faire venir les bêtes bovines des steppes de la Russie, de la Pologne, de la Gallicie et de la Hongrie, pour les faire rayonner ensuite sur les diverses villes d'Allemagne, vers les ports de mer, sur Londres, Anvers et bientôt sur Paris. Ce mouvement, qu'on ne saurait empêcher, nous menace de plus en plus de la peste bovine, malgré les sages précautions qu'ont su prendre les Allemands ; les animaux peuvent, en effet, être déplacés de plusieurs centaines de lieues dans le délai de la durée d'incubation du mal.

Mon intention en écrivant ces lignes a été d'*être utile*. Puissé-je avoir réussi !

Mulhouse, le 25 Décembre 1869.

A. Zundel.

DES AMÉLIORATIONS

A APPORTER

AU MODE DE TRANSPORT DES ANIMAUX

par les chemins de fer.

---

*La manière dont nous conduisons nos ani-
maux exerce la plus grande influence sur leur
santé, leur embonpoint, les produits qu'ils nous
donnent et les services qu'ils nous rendent.* (MAGNE,
Hygiène vétérinaire, p. 754.)

IMPORTANCE DE LA QUESTION.

Pour apprécier toute l'importance de la question qui fait
l'objet de ce mémoire, il suffit de voir combien sont fréquents les transports d'animaux en chemin de fer. Tantôt
c'est l'approvisionnement de Paris ou d'une grande ville
qui fait affluer de plusieurs centaines de lieues les animaux
de boucherie que certains pays produisent économiquement;
tantôt c'est pour économiser quelques heures seulement,
qu'on confie au chemin de fer les têtes de bétail ou les
élèves qu'on conduit à la foire voisine. Pour de petits, comme
pour de longs voyages, l'on embarque aujourd'hui les animaux en chemin de fer, et il est rare de voir aujourd'hui
un train de marchandises qui n'ait quelques wagons de
bétail.

Mais ce transport d'animaux promet encore d'augmenter (1) considérablement, surtout pour les besoins de la consommation ; les chemins de fer augmentent la producduction ; ils agrandissent le cercle des approvisionnements et réduisent les frais de voiture, mais en même temps ils provoquent aussi la consommation. — La viande devient de plus en plus un aliment de première nécessité : la consommation en va toujours croissant dans une proportion presque géométrique, tandis que l'élevage du bétail en France ne fait de progrès que dans une proportion arithmétique. C'est donc à l'étranger qu'il faut demander le bétail qui nous manque ; cela a été presque impossible avant 1853, alors qu'un droit de 50 fr. par tête était perçu à l'entrée en France du bétail étranger ; ce droit est réduit aujourd'hui à 3 fr. par bœuf, à 1 fr. par vache et à 30 centimes par mouton ; cette concurrence étrangère modère le prix de la viande et a été un grand progrès dû aux tendances libérales de notre époque. Déjà l'Algérie, l'Allemagne, la Hongrie nous fournissent les moutons en nombre prodigieux (5,000 en moyenne par semaine, d'après M. G. Rampont, de l'Allemagne et de la Hongrie seulement, pour la consommation de Paris) ; déjà la Suisse, l'Italie, le Wurtemberg nous fournissent des bêtes bovines. Le temps n'est pas loin où nous verrons des spéculateurs acheter sur les marchés de Raab et de Pesth, le bétail que la Hongrie produit à si bon marché. Déjà il part presque journellement

(1) J'emprunte à l'*Almanach général des chemins de fer* de 1869, rédigé par M. Evariste Thévenin, mon concurrent au concours de Lyon, les chiffres suivants sur l'importance de ces transports en 1865, 1866 et 1867.

Nombre de têtes transportées en petite vitesse.

	En 1865	En 1866	En 1867.
Compagnie de Lyon.........	655,255	800,000	1,103,596
— de l'Est.........1	,086,074	1,016,908	1,131,782
— de l'Ouest.......	963,201	1,130,411	1,192,901
— d'Orléans........	987,996	985,720	1,302,746
— du Nord........	480,000	640,000	580,738
— du Midi........	423,000	400,000	402,311
Totaux	4,595,526	4,973,039	5,624,024

L'augmentation en 1866 a été de 377,513 têtes ; celle de 1867 a été de 651,035 ; en deux années elle a été de 1,028,548, c'est-à-dire de plus du cinquième. Il était de 4,140,587 têtes en 1862 (BLATIN.) Les transports par la grande vitesse ne sont pas comptés.

des trains de bestiaux de la gare de l'Ouest de Vienne à destination de Paris, Cologne et Londres ; puis viendra le tour de la Russie qui ne sait que faire des nombreux troupeaux qu'entretiennent ses steppes. Tandis que l'Orient nous fournira ses produits naturels, nous lui enverrons nos produits manufacturés.

Quand on examine le présent et l'avenir de ce mouvement d'êtres vivants, l'homme qui voit dans l'animal plus qu'une simple marchandise, se pose immédiatement la question de savoir si ces animaux reçoivent aussi en route les soins qui leur sont dûs ? Et quand alors on examine, on trouve qu'il n'en est rien et que même très souvent ces êtres manquent des soins les plus indispensables. Ce qui va suivre démontrera *qu'il y a de nombreuses améliorations à apporter au mode de transport des animaux par les chemins de fer, afin qu'ils puissent recevoir les soins qu'exige leur santé.* Ces améliorations ne sont pas seulement réclamées par la justice et la compassion vis-à-vis de nos serviteurs, mais même par l'hygiène publique, par les intérêts des consommateurs, comme par les intérêts du commerce et des compagnies de chemins de fer elles-mêmes. La chair d'un animal se ressent des souffrances qu'il a enduré et le bœuf fatigué est de plus mauvaise vente que l'animal bien entretenu.

Dans ces améliorations nous en trouverons qui doivent être introduites par les compagnies de chemins de fer ; je puis déjà dire ici que ces compagnies, ne prévoyant pas toute l'importance qu'a pris le transport d'animaux, n'ont pas cru devoir se pourvoir toujours d'un matériel spécial. En général ce matériel n'a pas été construit pour des transports à grandes distances et en grande vitesse; il ne convient pas dans les échanges internationaux qui ne doivent aller qu'en augmentant. — Quelques améliorations sont cependant aussi du fait des agents de ces compagnies, et un plus grand nombre encore doivent être apportées par les expéditeurs eux-mêmes.

Comme dit M. Blatin (*Nos cruautés envers les animaux,* p. 238), l'avarice, la rapacité, la dureté des propriétaires de bestiaux sont plus funestes encore que le vice du matériel de transport.... Si les fourgons ne permettent aux animaux ni de boire, ni de manger pendant la route, les propriétaires ont oublié aussi de prévoir ces besoins urgents.

Un peu de bonne volonté, du cœur pour les animaux

seraient souvent nécessaires ; mais, hélas ! ils manquent souvent. Ce sont ordinairement les soins particuliers qui font défaut, et dans ces cas les compagnies ou la police ont le droit et le devoir d'y tenir la main. Un peu plus de police dans les gares ne ferait pas grand mal et l'on ne verrait plus, par exemple, des wagons d'animaux stationner pendant toute une nuit dans une gare, exposés au froid et à la pluie, sans que ces animaux aient reçu le moindre brin d'aliments ; l'on ne verrait plus les wagons chargés à l'excès, etc. Nous ne pouvons assez engager MM. les commissaires de surveillance administrative à s'occuper des transports de bestiaux et à ne pas ménager les leçons, en appliquant quelquefois la loi Grammont qui est trop souvent et trop fortement violée. Il y va de l'intérêt des compagnies qui, quoiqu'on ait dit, sont et restent responsables, en vertu de l'art. 1784 du code civil, comme tout voiturier, par terre, de la perte et des avaries des choses qui leur sont confiées, si ces avaries ne proviennent pas du vice propre de la chose ou de la force majeure (art. 103 du Code de commerce). — Aux Etats-Unis la loi règle le transport du bétail en chemin de fer. Toutes les douze heures on décharge les animaux pour les faire boire et manger. Par suite de ces mesures obligatoires, les compagnies de chemins de fer ont doublé le prix de ces transports ; mais, dit M. Angell de Boston, les expéditeurs le regagnent amplement, parce que le bétail arrive à destination en bon état de santé et sans avoir rien perdu de son poids.

Mais n'anticipons pas, ne posons pas nos conclusions avant d'avoir bien examiné les faits. Prenons les animaux à la gare d'expédition, assistons à leur embarquement, suivons-les pendant tout le cours du voyage pour ne les quitter que lorsque, arrivés à la gare de destination, ils ont été remis à leur destinataire. Nous examinerons donc successivement : l'*embarquement* et le *débarquement*, l'*expédition* et le *transport*.

DU MODE D'EMBARQUEMENT ET DE DÉBARQUEMENT.

L'*embarquement* ou le *débarquement* des animaux dans les wagons de chemins de fer est une question très importante ; il doit pouvoir se faire facilement et sans accident. — Dans les gares de quelqu'importance, où il y a

un quai à la hauteur des planchers des wagons, il suffit
d'un simple pont en planches, se fixant d'un côté par de
fortes agraffes au tablier du wagon et s'appuyant de l'autre
côté sur le quai ; il suffit que ce pont soit solide, qu'il ne
vacille pas, qu'il ait au moins un mètre de large et qu'il ne
soit pas glissant ; s'il était un peu long, des garde-fous
seraient nécessaires. Remarquons qu'il y a cependant des
toucheurs assez paresseux ou assez barbares pour ne pas
se servir de ces ponts ; qu'on leur applique la loi Grammont ;
surtout si, comme on le dit, c'est l'espoir d'une rémuné-
ration secrète que leur paiera un tiers, qui les a guidé et
qui leur a fait avoir un accident à l'animal.

L'embarquement est plus difficile dans les gares où il
n'y a pas de quai spécial ; là il faut un pont spécial, très
long qui pèche alors souvent par la solidité. Les meilleurs
ponts de ce genre sont ceux portés par une paire de roues
qui se trouvent au milieu et qu'on peut caller facilement ;
c'est une espèce de charriot long de cinq mètres environ,
large de $1^m 20$, muni de chaque côté de bonnes balustrades
d'un mètre environ de hauteur ; ce pont, très facile à manier, est amené à côté du wagon ; l'une des extrémités
peut se fixer au wagon par de forts crochets, l'autre re-
pose sur le sol. C'est un plan incliné faisant avec le sol
un angle d'environ douze degrés que les animaux tra-
versent aisément ; les roues du milieu servent de soutien
au pont. Les balustrades doivent être solides, afin que les
animaux qui s'effraient facilement, soit de l'obscurité du
wagon, soit pour un autre motif, qui se cabrent ou se
jettent de côté, ne puissent faire de chute ; il faut que sur
le plancher de ce pont il y ait des barres transversales pour
empêcher les glissades, que bien souvent l'urine facilite
encore.

Il est regrettable que ce pont roulant, matériel des plus
simples, ne se trouve pas à chaque station ; c'est pour cela
qu'en général le transport des animaux de haute taille
n'est accepté qu'aux stations et pour les stations où il
existe un quai d'embarquement pour le bétail. Ces stations
sont en général trop peu nombreuses encore ; nous pour-
rions en citer où il y a chaque année des foires très importantes et où, au lieu de pouvoir embarquer le bétail sur
les lieux-mêmes, il faut encore les mener à huit ou douze
kilomètres. — Quelques compagnies ne reçoivent même
les veaux, moutons et porcs que dans les gares munies

d'un quai ; cependant ces petits animaux, que très souvent on fait passer d'un wagon sur une voiture ou réciproquement, sont faciles à manier, même sans pont, et les moutons surtout peuvent facilement sortir du wagon ; ils sautent très bien de la hauteur du wagon, et l'on risque même moins ainsi qu'avec un pont sans balustrade.

C'est dans les difficultés inhérentes à l'embarquement qu'il faut du calme et de la patience chez les conducteurs chargés de l'opération ; c'est par la douceur qu'on réussit bien mieux qu'en rudoyant les animaux ; tous les vieux toucheurs savent cela. Si une première bête refuse d'entrer, qu'on s'adresse d'abord à une seconde plus douce, l'exemple suffira souvent ; d'autres fois, si le conducteur à la longe ne parvient pas à faire avancer l'animal, qu'il cesse de tirer, car l'animal tirerait au renard ; il suffira que deux hommes se placent derrière et le poussent en avant avec leurs bras entrelacés et appliqués au-dessous des fesses de l'animal ; celui-ci avancera alors facilement ; d'autres fois il suffit de mettre un tablier en guise de capote sur les yeux de l'animal ; le fouet est quelquefois nécessaire, mais il ne fait pas bon en abuser. Il conviendrait que les taureaux fussent tous munis d'un anneau nasal, car il est dangereux de gouverner ces animaux dans un local aussi restreint que l'intérieur d'un wagon.

La rentrée des derniers animaux est souvent un peu pénible, parce que les autres ne sont pas assez serrés ; mais avec de la patience l'on réussit aussi. Comme nous le verrons plus tard, il y a ordinairement un avantage réel à serrer un peu les animaux, afin qu'ils se soutiennent mutuellement et ne ressentent pas autant les mouvements de la marche et surtout les coups de tampon ; les animaux un peu serrés sont en même temps empêchés de se blesser mutuellement.

La sortie des wagons est ordinairement plus facile ; même souvent les animaux sont trop pressés et se jettent dehors avec trop de violence. Une difficulté qu'il faut chercher à éviter, déjà lors de l'embarquement, c'est de faire sortir un animal à reculons, et c'est cependant ce qu'il faut faire souvent pour le premier, afin de pouvoir ensuite tourner les autres dans le wagon. Dans les gares où il y a des plaques tournantes, il est facile d'éviter cela ; si l'on doit débarquer dans une gare où il n'y a pas de ces plaques, il faut profiter de la présence dans une autre gare pour faire retourner le wagon.

Autrefois les compagnies faisaient payer des frais de manutention pour l'embarquement ou le débarquement des animaux ; aujourd'hui cette manutention est presque partout faite par les soins des conducteurs de bestiaux sous la surveillance des agents de la compagnie. En général c'est par les soins et sous l'entière responsabilité des expéditeurs qu'ont lieu le chargement des animaux dans les wagons et le déchargement à l'arrivée.

Cependant il y a des compagnies (Orléans) où les toucheurs ne sont responsables que jusqu'à ce que le chargement auquel ils sont tenus d'aider, soit entièrement opéré ; les toucheurs deviennent aussi responsables des animaux dès qu'ils sont déchargés.

DE L'EXPÉDITION DES BESTIAUX. — QUESTIONS RÉGLEMENTAIRES.

Les expéditeurs sont tenus de prévenir vingt-quatre heures à l'avance les gares de départ, du nombre et de la nature des animaux qu'ils ont à faire transporter, afin que le matériel nécessaire puisse être approvisionné, s'il ne s'en trouvait pas à la gare. — Les animaux doivent être amenés à la gare deux heures au moins avant le départ du train par lequel doit être faite l'expédition.

Heureusement que les compagnies ne sont pas trop strictes pour ces deux conditions et surtout pour la première ; autrement les marchands achetant en foire, qui le matin ne savent pas ce qu'ils expédieront dans la journée, seraient exposés à de fortes pertes de temps. Il est regrettable que dans certaines gares très importantes cependant, il n'y ait pas toujours une provision suffisante de matériel. — Sur toutes les lignes, le prix du transport doit être payé d'avance et au point de départ.

Les compagnies tiennent à ce que les expéditions d'animaux se fassent dans le plus bref délai possible et à ce que les animaux ne séjournent pas trop longtemps dans les gares. D'après leur cahier des charges, art. 7, les compagnies ont le droit de calculer pour les animaux comme pour les autres transports à petite vitesse, la durée du trajet à raison de vingt-quatre heures par fraction indivisible de 125 kilomètres. Or, c'est ce qu'on ne fait pas, et pour les expéditions d'animaux elles n'usent pas des délais qui leur sont accordés, et souvent les animaux sont transportés presqu'en grande vitesse au prix de la petite vitesse ; cependant il n'y a rien de bien réglé. Des instructions ont été données aux agents pour que les wagons de bestiaux, qu'ils soient formés dans la gare ou qu'ils arrivent par une autre ligne, soient expédiés par le plus prochain train et avec le plus de vitesse possible.

Ces soins recommandés en France pour toutes les espèces animales, sont en Allemagne plus particulièrement ordonnés pour les transports de chevaux ; dans quelques contrées, les wagons de chevaux ne doivent jamais être mis à un train de marchandises et doivent toujours voyager avec les trains-omnibus de voyageurs.

Souvent les compagnies, notamment pour l'approvisionnement de Paris, forment ce qu'on appelle des trains de bestiaux ; ce sont alors des trains de marchandises allant aussi vite que possible. Chaque semaine il part, par exemple, de Strasbourg pour Paris, un certain nombre de trains complets de bestiaux qui font le parcours de Strasbourg à la Villette (501 kilom.) en 18 ou 20 heures, c'est-à-dire presque aussi vite que les trains de voyageurs. Des trains du même genre, plus ou moins facultatifs, se forment à Mulhouse, à Lyon et partout où le commerce le demande ; on transporte ainsi en grande vitesse les bestiaux taxés en petite vitesse. Quelquefois les compagnies garantissent l'arrivée aux gares de Paris pour les jours de marché, si l'expédition se fait en temps utile. Ce sont des avantages considérables offerts aux expéditeurs ; mais ces trains sont aussi d'un excellent rapport pour les compagnies. C'est là qu'on devrait surtout pouvoir exiger une amélioration dans le matériel ; pour ces voyages à grandes distances, où l'on transporte du bétail en chair sortant souvent des écuries de l'engraisseur, il faudrait pouvoir fourrager en route.

Ce sont les expéditeurs qui, pendant le cours du transport, doivent donner à leurs bestiaux les soins nécessaires pour assurer leur conservation ; c'est pourquoi les expéditeurs ou leurs agents sont admis à voyager dens les mêmes trains que leurs bestiaux ; on accorde ordinairement un permis de circulation pour un wagon ; ces permis sont valables pour le retour. En conséquence, des places en nombre suffisant doivent être mises à la disposition des toucheurs dans une voiture de 3e classe ajoutée au train, ou à son défaut dans le fourgon du conducteur du train,

Il est naturel que sous ce rapport les compagnies se dégagent d'une responsabilité qui est encore assez grande sans cela ; mais c'est un motif de plus de fournir un matériel où les expéditeurs, ou leurs agents, puissent donner les soins indispensables à leurs animaux, les visiter de temps à autre en tous sens, leur donner à manger et à boire, etc. Les compagnies ne sont-elles pas allé trop loin et ne devraient-elles pas, par leurs agents pour couvrir leur responsabilité qui est tout de même menacée exiger des toucheurs et conducteurs qu'ils donnent au moins les soins indispensables aux animaux qu'ils accompagnent? C'est ce qui se fait très bien en Suisse, où le chef de train va voir si les toucheurs ont fourragé, s'ils ont convenablement chargé, etc. Si cela ne regarde pas les agents même des compagnies, cela regarde au moins les commissaires de surveillance administrative ; car ce n'est pas seulement une question de protection des animaux, mais aussi une question d'hygiène publique. —Il arrive très souvent qu'un wagon de bestiaux ne soit pas accompagné, parce qu'à l'arrivée il y aura quelqu'un pour recevoir les animaux ; si la compagnie ne se soucie pas quelque peu de ce qui arrive en route à ces animaux, il pourra leur arriver des accidents dont elle ne pourra pas toujours se laver ; sans engager sa responsabilité, qu'elle ait l'œil sur ces expéditions, afin de ne pas payer pour un expéditeur assez peu soucieux de ses propres intérêts. Sans donc engager leur responsabilité, que les compagnies exercent une certaine surveillance sur ces expéditions d'animaux, et surtout sur les toucheurs qui sont très souvent de bas étage et de vrais bourreaux d'animaux. Il y a d'ailleurs une différence à établir dans la responsabilité des compagnies de chemins de fer pour les animaux blessés ou ceux qui ont éprouvé un dommage, suivant que les animaux sont transportés d'après le *tarif général* ou d'après le *tarif spécial* ; cependant, sous ce rapport, comme nous le verrons dans le courant de ce travail, surtout à propos du transport des chevaux, les limites ne sont pas encore bien tracées par la jurisprudence. L'on admet que, pour le tarif spécial, les compagnies sont responsables seulement de la solidité des wagons, des accidents arrivés par des bris de leurs parois, non des accidents que les animaux ont pu se faire entre eux.

Il est loisible aux expéditeurs de charger dans un même wagon tel nombre de têtes de bétail que bon lui semble ;

seulement au-delà d'un nombre fixé, variable suivant les compagnies, la compagnie est affranchie de toute responsabilité pour les risques et périls qui pourraient résulter, en cours de transport, de cet excédant de chargement. Cette absence de responsabilité a été confirmée par un jugement du tribunal de commerce de Paris du 28 août 1867. Un arrêt de la cour de cassation du 8 février 1869 vient cependant de décider que malgré l'obligation imposée à l'expéditeur par le tarif de la compagnie, celle-ci n'est pas dispensée de veiller à ce que le transport s'effectue dans de bonnes conditions.

Il était nécessaire de laisser de la latitude aux expéditeurs, parce que, pour la généralité des compagnies, le chiffre fixé est par trop faible et que la dimension des wagons est des plus variables, comme nous l'examinerons surtout à propos du transport des bêtes bovines. Il y a là trop d'arbitraire de la part des compagnies ; nous verrons qu'en général l'on peut, sans les gêner aucunement et sans les tourmenter, placer dans un wagon à peu près le double d'animaux que n'en indiquent les chiffres maximums fixés par les compagnies. Cependant avec une clientèle comme les toucheurs qui maltraitent assez facilement le bétail, en face de marchands qui veulent de toute manière faire des économies, l'on a tort d'accorder trop de latitude ; la liberté dégénère bien vite en licence, comme on le voit malheureusement trop souvent dans la pratique. C'est se dégager trop facilement d'une responsabilité qui n'est que justice ; et les compagnies restent néanmoins complices du délit de mauvais traitements ; les compagnies devraient au moins surveiller à ce qu'on ne dépasse pas un certain chiffre que nous essaierons d'établir plus loin, en examinant cette importante question pour chaque espèce animale. Nous ne pouvons méconnaître l'abus monstrueux que font quelques expéditeurs de la faculté qu'ils ont de charger dans un wagon autant d'animaux qu'il leur plaît ; mais nous ne croyons pas que le remède à cet abus soit dans la liberté illimitée proposée par M. Evariste Thévenin, mais bien dans une sage réglementation dont la facile exécution est d'ailleurs entre les mains des compagnies.

M. Evariste Thévenin, dans son mémoire adressé au concours de Lyon et publié dans l'almanach des chemins de fer de 1869, dit que contre cet abus le remède, aussi simple qu'efficace, c'est la liberté ! la liberté absolue !...

« Point de règlement, dit-il ; le règlement est un filet dont les mailles élastiques se prêtent à l'introduction de tous les abus... Point de règlement, liberté absolue, mais responsabilité effective et sévère... » Voici le remède proposé par M. Thévenin, demandant, pour un fait spécial, cette surveillance des agents de l'administration que nous voudrions voir plus générale : « Lorsqu'une expédition de bestiaux a lieu, le commissaire de surveillance administrative doit assister à l'embarquement, constater en masse l'état sanitaire des bestiaux et se faire remettre, *signée* par l'expéditeur, une note indiquant le *nombre*, l'*état* et la *destination* des bestiaux embarqués. — Dès que le train se met en marche le commissaire de surveillance avertit par le télégraphe son collègue de la gare de destination. Celui-ci assiste au débarquement, s'assure du nombre et de l'état sanitaire des animaux et force le destinataire à prendre livraison. S'il les trouve en mauvais état, il dresse procès-verbal, saisit les morts, envoie en fourrière les malades et fait appliquer la loi Grammont. » C'est au moins avoir une confiance un peu trop grande en les capacités vétérinaires de MM. les commissaires de surveillance que de leur faire constater l'état sanitaire des bestiaux. M. Thévenin suppose aussi un genre de conséquence de l'abus que nous examinons, qui est au moins assez rare ; ce n'est pas seulement quand il y a des morts et des blessés qu'il faut verbaliser, mais dès que le bon sens, le simple calcul prouve qu'il y a abus. Il serait plus facile de faire constater le manque de soins par l'agent accompagnant le transport, par le chef du train ; ainsi on préviendrait le mal, tandis que par le système de M. Thévenin on ne ferait que le constater.

Une instruction aux agents dit que les wagons de bestiaux doivent toujours occuper le milieu du train ; pour éviter aux animaux les ébranlements que produisent les coups de tampon dans les manœuvres de gare, ébranlements plus forts aux deux extrémités du train qu'au milieu; il est recommandé de placer les wagons-bestiaux entre le tiers antérieur du train et le tiers postérieur. Cependant, pour plus de commodité dans le service, on met généralement les animaux en tête du train, immédiatement après le fourgon du chef de train. Cela n'a que peu à dire pour les voyages à petites distances, mais les expéditeurs devraient y tenir la main pour de grands trajets.

Nous avons vu, par ce rapide examen des réglements, que les compagnies savent assez bien combiner, en ce qui concerne le transport d'animaux, ce qui est de leur propre intérêt et ce qui intéresse les bons soins qu'exigent les animaux ; les abus ne se présentent avec une certaine importance que là où, pour couvrir leur responsabilité, elles cessent de réglementer. Nous devons leur en savoir gré et nous ne doutons pas que, pour ces derniers cas, en l'absence d'une réglementation, elles voudront au moins accorder une surveillance sévère par leurs agents.

C'est encore l'intérêt pour les animaux qui a dicté cet autre règlement qui dit que les animaux dont il n'est pas pris livraison lors de l'arrivée sont dans le plus bref délai mis en fourrière aux frais, risques et périls de qui de droit. Le propriétaire peut même prendre livraison de son bétail en dehors des heures réglementaires, au milieu de la nuit, par exemple, si le train arrive à ce moment de la journée. Ce règlement n'est que juste et nous voudrions qu'on y tînt davantage la main ; qu'on ne permette pas aux expéditeurs, pour éviter les frais d'une étable, de laisser, quelquefois encore longtemps après l'arrivée, leurs animaux dans les wagons ; si au moins ils y fourrageaient, mais cela est en général impossible. C'est encore par leurs agents que les compagnies peuvent combattre cet abus, qui est surtout fréquent aux gares de Paris, où les marchands ne prennent livraison que juste à temps pour les conduire au marché. Nous serions d'avis qu'on fasse payer à ces propriétaires si peu soucieux de la santé de leurs animaux un bon droit de magasinage ou qu'on applique le règlement, et que les animaux soient mis en fourrière et bien nourris, si le destinataire n'en prend pas tout de suite livraison. Puisque dans le cas que nous examinons les compagnies savent si bien remplacer l'expéditeur ou le destinataire qui n'a pas souci des besoins des animaux, pourquoi ne porterait-elle pas le même souci durant le transport, lors de l'embarquement, etc. ?

Il arrive quelquefois, quoique rarement, que la compagnie s'engage, au lieu de fournir simplement en gare, de livrer les animaux à destination et à domicile, soit par son camionnage, soit autrement ; il va sans dire qu'elle reste responsable des accidents, dommages ou retards préjudiciables à l'expéditeur ou au destinataire.

DES RÉCLAMATIONS.

Ayant eu l'occasion de parler quelquefois dans ce mémoire de la responsabilité des compagnies de chemins de fer, il nous a semblé utile de traiter en peu de mots la question des réclamations, afin que ce mémoire puisse servir de guide aux expéditeurs d'animaux. Lorsqu'un expéditeur ayant éprouvé un dommage a une réclamation à faire, il faut, avant d'entreprendre la voie judiciaire, épuiser tous les moyens de conciliation, car, comme le dit la sagesse des nations, un mauvais arrangement est souvent préférable à l'heureuse issue d'un procès. Pour cela on s'adressera au chef de gare de la station où l'on aura constaté le dommage, après avoir prévenu, s'il y a lieu, le chef du train ; l'on s'adressera en même temps aux agents de la surveillance administrative qui n'ont pas seulement à recevoir les plaintes des voyageurs, mais toutes celles que le public peut avoir à présenter (instruction ministérielle du 21 octobre 1848). — Il arrivera souvent que le chef de gare ne pourra donner satisfaction immédiate, en ce qu'il sera obligé d'en référer à MM. les inspecteurs et chefs de la compagnie ; mais ces réponses s'obtiennent assez vite, et dans la majeure partie des cas les expéditeurs pourront attendre. Il est cependant des cas où l'on ne peut attendre, par exemple dans le cas d'autopsie à faire, de lésions graves à constater, et alors, tout en maintenant les intentions de conciliation, l'on fera bien de provoquer dans le plus bref délai la nomination judiciaire d'experts compétents.

L'action en justice est néanmoins souvent nécessaire ; nous nous bornerons à examiner la question de la compétence des tribunaux, les autres questions intéressant les légistes qu'on fera toujours bien de consulter. Tous les auteurs qui se sont occupés de questions de droit se rapportant spécialement aux chemins de fer, ont déclaré qu'il y aurait lieu de former sur cette matière une législation toute nouvelle, attendu que les lois qu'on applique journellement datent d'une époque antérieure à la création des chemins de fer et que l'analogie cesse souvent d'exister entre les opérations des anciennes entreprises de transport, et celles, beaucoup plus variées, dont se chargent les compagnies (DESLIGNIÈRES). — C'est ce qui arrive surtout

pour le transport des animaux ; ainsi l'art. 103 du code du commerce rend le voiturier transporteur responsable des avaries qui surviennent pendant le trajet de la chose qui lui est confiée ; mais il s'agit de marchandises inertes, qui ne changent pas de place par elles-mêmes, quand elles ont été convenablement placées. Mais la loi ne savait pas qu'il n'en sera plus de même quand cette marchandise sera des animaux qui, par leurs mauvaises dispositions individuelles, par des dispositions plus ou moins maladives, par leur caractère, etc., peuvent déjouer les précautions prises pour les préserver de tout accident.

Quoi qu'il en soit, on s'est demandé quel était, dans l'état actuel de la jurisprudence, le tribunal compétent à raison de la matière. On a recherché également en quel lieu devait être signifiée la demande et le tribunal compétent à raison du domicile. Il paraît acquis que les compagnies étant des entreprises commerciales, on peut avoir recours, pour introduire une instance, aux tribunaux de commerce. D'après l'art. 106 du code du commerce, en cas de refus ou contestation pour la réception des objets transportés, leur état est vérifié et constaté par des experts nommés par le président du tribunal de commerce ou, à son défaut, par le juge de paix et par ordonnance au pied d'une requête. — M. Deslignières admet qu'une demande pourrait être, dans l'espèce, portée, au choix du demandeur, devant un tribunal de commerce, devant un juge de paix et devant un tribunal civil. Mais s'il s'agissait d'une somme supérieure à quinze cents francs, on ne devrait avoir recours qu'aux tribunaux de commerce ou aux tribunaux civils. La compétence des tribunaux civils ne saurait être récusée, dit-il, puisque la loi n'a pas distrait de semblables affaires de leurs attributions et qu'ils restent toujours aptes à juger, civilement et commercialement, lorsqu'une exception n'a pas été expressément prononcée. La juridiction des tribunaux de commerce étant plus expéditive, plus prompte, entourée de moins d'embarras et de moins de frais, il y aura, dans la généralité des cas, lieu de la préférer.

Nous emprunterons au traité de jurisprudence de M. Rey ce qui est relatif à l'assignation et la compétence du tribunal à raison du domicile. L'*assignation* doit être donnée à la compagnie des chemins de fer dans le lieu où elle a fixé son siège, ce qui n'empêche pas de porter l'affaire devant le tribunal du lieu où elle a une gare dans laquelle se trouve un centre d'opérations importantes, La cour de cassation, par un arrêté du 5 avril 1859, a prononcé qu'une société commerciale, spécialement une compagnie du chemin de fer, ne peut être assignée par les tiers qu'au lieu de son siége social, lorsqu'elle n'a pas établi ailleurs des agents ou préposés chargés de la représenter. Ainsi les tiers ne peuvent assigner une compagnie en la personne du chef de gare s'il n'est pas constaté que la compagnie ait délégué à ce dernier le pouvoir de recevoir les assignations à elle adressées. Les chefs de grandes gares sont toujours autorisés à recevoir ces assignations.

La question de *compétence* a été jugée plusieurs fois dans le même sens et n'est plus discutée aujourd'hui. Ainsi un arrêt de la cour de cassation du 7 mai 1862 dit qu'une société commerciale, spécialement une compagnie de chemins de fer, qui a formé un établissement principal dans un autre lieu que celui du domicile social, peut être assignée devant le tribunal du lieu de cet établissement, à raison des faits qui se sont accomplis dans ce lieu.

La disposition de l'art. 420 du code de procédure qui en matière commerciale permet d'assigner le vendeur devant le tribunal dans l'arrondissement duquel la promesse a été faite et la marchandise livrée est applicable à l'action formée contre une compagnie de chemins de fer à raison de son refus de fournir les wagons nécessaires pour le transport des marchandises.

Quant aux preuves à faire par l'expéditeur d'animaux, les meilleures sont celles émanant d'experts nommés conformémeut à l'art. 106 du code de commerce ; les compagnies de chemins de fer étant, en droit et en fait, des sociétés industrielles, les tribunaux admettent donc contre elles ou en leur faveur les preuves qu'on est dans l'habitude d'invoquer en matière commerciale.

DU TRANSPORT PROPREMENT DIT. — EXAMEN SUIVANT LES ESPÈCES ANIMALES

Nous allons maintenant aborder les questions de détail pour chaqué espèce animale, étudier la manière dont se fait et souvent comment devrait se faire le transport des *chevaux* par grande et par petite vitesse, le transport des *bœufs* et des *vaches*, des *veaux*, des *porcs*, des *moutons*, des *chiens* et même de la *volaille*.

Nous examinerons si le mode de transport adopté répond aux besoins les plus urgents des animaux ; si la disposition des wagons-transporteurs est convenable ; si la surveillance et les soins dont les animaux doivent être l'objet en cours de route sont faciles, si l'alimentation est possible et s'il y a assez d'air ; s'il y a l'espace nécessaire à chaque animal, suivant son âge, sa taille, son sexe, etc. Nous examinerons aussi ce qui est relatif à ce qu'on appelle en hygiène des *percepta*, c'est-à-dire si on se rappelle toujours que les animaux sont des êtres sensibles.

Transport des chevaux. — Le mode de transport des chevaux varie suivant qu'il se fait en grande ou en petite vitesse.

Grande vitesse. Il n'y a pas grand chose à redire sur le mode de transport des chevaux en grande vitesse ; les wagons-écuries dont se servent les diverses compagnies sont ordinairement bien suspendus et ont des stalles ayant d'assez bonnes dimensions pour permettre au cheval de se tenir debout. En général les wagons-écuries sont divisés en trois stalles égales ayant leur longueur dans la direction de la voie, quelquefois cependant perpendiculaire à cette direction ; on doit recevoir un seul cheval par stalle. Les parois sont formées par deux cloisons, garnies à leur milieu de coussins d'un demi-décimètre environ d'épaisseur et munies en haut de jours ; il y a quelquefois un système de lattes pour voir d'une stalle dans l'autre ; ces stalles ont en général 3 mètres de long, 2^m 20 à 2^m 40 de haut et 0^m 80 de large (1). Les stalles sont fermées par deux portes situées aux extrémités, de telle sorte qu'on peut faire entrer l'animal par l'une d'elles et le faire sortir par l'autre ; sont à proscrire les wagons où il faut faire entrer ou sortir le cheval à reculons. Ce sont quelquefois les parois du wagon qui peuvent servir de pont à l'embarquement ; ce système de pont-levis a l'inconvénient que quelquefois le chargement fini, lorsqu'on relève la paroi pour fermer le wagon, un animal se trouve avoir le pied pris entre la charnière, lequel est alors violemment serré

(1) Toutes ces dimensions sont prises en dedans des parois de bois.

et contusionné. Des ouvertures latérales formées de barreaux, quelquefois munies de persiennes, donnent l'air nécessaire. En dehors de ces trois stalles, et dans chaque wagon, existe un espace qu'on peut transformer en compartiment pour placer le palefrenier-toucheur qui est chargé de surveiller les animaux, de leur distribuer les aliments et les boissons. — Arrivons à l'intérieur de la stalle ; les deux extrémités doivent être rembourrées pour préserver les genoux et les jarrets contre les contusions inévitables ; le plafond est également garni d'un coussin pour prévenir les contusions de la tête ; le plancher doit être muni de barres transversales, placées au nombre de huit à dix à distances égales et destinées à donner un point d'appui au cheval, l'empêcher de glisser. Chaque stalle a un râtelier et une mangeoire ; c'est au toucheur à apporter le sceau pour les boissons ; deux anneaux placés de chaque côté reçoivent chacun une longe du licol et servent à fixer la tête du cheval, qui doit être attaché le plus court possible ; quelquefois il faut une troisième longe qui fixe la muserolle au râtelier. On peut en outre maintenir le cheval par un poitrail, une sous-ventrière et une courroie de reculement, qui tiennent aux parois du compartiment.

Sous ce rapport, nous sommes cependant de l'avis de M. Leblanc et admettons que tous ces appareils, destinés à maintenir le cheval, ne deviennent utiles que pour les longs voyages et qu'il vaut mieux s'en passer si le voyage dure moins de douze heures, ou tout au plus ne se servir que de la sous-ventrière, qui doit être lâche et a pour but d'empêcher le cheval de se coucher. Voici d'ailleurs ce que dit très bien le vétérinaire que nous venons de citer (*Clinique vétérinaire*, 1864, p. 112) : « Le cheval qui s'aperçoit qu'un appareil peut le soutenir, soit en-dessous, soit en avant, soit en arrière, ne tarde pas à chercher un point d'appui sur cet appareil, et s'il ne se trouve pas très bien disposé, ce qui arrive souvent, il est entraîné par son propre poids, soit en avant, soit en arrière, et tombe. Le cheval qui n'est fixé dans sa stalle que par le licol, s'habitue promptement à conserver son équilibre de station, même lorsqu'il y a ce qu'on appelle des coups de tampon. Il est bien plus à son aise ; il change un peu de place dans le sens de la longueur ; il est suffisamment maintenu par les parois convenablement rembourrées du compartiment. » Des genouillères, de bonnes couvertures seront toujours utiles ; mais c'est à l'expéditeur à soigner ce détail.

Il est évident, après cette courte description des wagons à stalles, qu'il n'y a que peu de chose à améliorer ici quant au matériel ; au contraire, on voudrait voir les compagnies être munies pour tous les genres de transport d'un matériel aussi bien approprié que celui-ci. Il serait fastidieux de faire un examen des différences qu'il y a dans les wagons suivant les compagnies, car chacune a pour ainsi dire adopté un modèle différent ; nous le répétons, ces modèles sont tous bons. — Nous ne parlons ainsi, bien entendu, que des compagnies françaises qui ont, pour ce genre de transport, un matériel préférable à celui généralement employé en Allemagne. Ainsi, dans le Nord de l'Allemagne, de Kœnigsberg à Berlin, par exemple, la petite vitesse se fait en wagons découverts et la grande vitesse en simples vachères. En général, les wagons à stalles sont rares en Allemagne et se paient à un très haut prix ; c'est du grand luxe réservé pour ainsi dire à la noblesse.

Si le toucheur est intelligent, s'il sait profiter des temps d'arrêt du train pour voir ce qu'il faut à ses chevaux, pour enlever le crotin, refaire la litière et faire un rapide pansement à l'époussette, le cheval supportera facilement un voyage de quelques jours ; le décubitus est inutile pour lui ; un peu d'exercice est cependant nécessaire de suite après le débarquement.

Il y a cependant un progrès à faire dans le transport des chevaux à grande vitesse ; il faudrait que les compagnies ne fassent pas autant de difficultés pour l'accompagnement des chevaux par des palefreniers ; il faudrait un peu réduire les frais accessoires. En effet, les palefreniers et autres personnes accompagnant les chevaux ne sont admis à voyager dans les wagons-écuries qu'avec un billet de troisième classe ; sur quelques réseaux le transport gratuit est accordé à un palefrenier qui accompagne six chevaux appartenant au même propriétaire. Il est vrai que pour les chevaux voyageant sans être accompagnés, on peut les *recommander*, c'est-à-dire payer à un agent de marche l'argent nécessaire pour l'alimentation et les soins en route ; mais cette recommandation n'offre que peu de garantie, surtout quand l'animal passe d'une compagnie à une autre ; il vaudrait mieux faciliter l'accompagnement par un palefrenier. Depuis quelque temps les chevaux recommandés sont accompagnés par des agents spéciaux fournis par les compagnies à prix très modiques.

Petite vitesse. Si le mode de transport des chevaux par grande vitesse ne laisse guère à désirer, il n'en est malheureusement pas de même pour le transport de ces animaux à petite vitesse. En général les expéditeurs ne peuvent exiger des wagons-écuries pour le transport à petite vitesse; ce matériel devant rester affecté au transport des chevaux par les trains de voyageurs. Nous avons cependant vu récemment des compagnies condescendre à transporter en wagons-écuries et par trains omnibus, des chevaux qui ne payaient qu'au prix de la petite vitesse. C'est d'un bon exemple, que les compagnies allemandes surtout n'ont guère de tendance à imiter. Sauf les compagnies de l'Ouest et d'Orléans qui, pour le transport des chevaux par le tarif ordinaire, se servent de wagons à six ou huit stalles, les compagnies françaises et étrangères se servent, pour le transport de chevaux à petite vitesse, de wagons qui n'ont pas de compartiments, et même très souvent des wagons qui servent au transport des marchandises ordinaires ; c'est ce qu'on appelle des *vachères*.

Les wagons à stalles dont se servent les compagnies de l'Ouest et d'Orléans pour les transports des chevaux que fournissent en abondance le Perche et la Normandie, ont les compartiments dans une direction perpendiculaire à la voie, direction qu'on désapprouve généralement, sans cependant bien indiquer les motifs. Si ces stalles sont bien aménagées intérieurement, s'il y a un compartiment au milieu pour loger le toucheur chargé de la surveillance, il n'y a pas lieu de critiquer ; il y a de l'espace de gagné ; on peut loger huit chevaux dans un wagon où avec une direction différente l'on ne pourrait en placer que six. En Autriche il y a, pour la grande vitesse, des wagons à six stalles, à trois chevaux de face, et placées suivant la longueur du wagon, avec couloir au milieu pour le palefrenier, d'où il peut facilement nourrir.

Quant aux vachères ou wagons à bestiaux qui servent à recevoir des animaux de toutes espèces : chevaux, bœufs et vaches, elles ne diffèrent des wagons ordinaires pour transport des marchandises, que par le fait qu'on a ménagé à l'intérieur des systèmes d'attache, tringles ou anneaux, ainsi que des ventaux pour la circulation de l'air. Ces voitures sont dans de très mauvaises conditions pour le transport des chevaux, surtout quand le wagon n'est pas au complet ; il n'est pas rare d'y voir des accidents entraînant des procès onéreux. Les compagnies auraient assez d'intérêt pour ne plus recourir à ce mode de transport que pour les chevaux que l'on transporte d'après un tarif spécial (marchands de chevaux communs, etc.) ou pour les chevaux de troupe. En dehors de ces cas exceptionnels, il faudrait des wagons à compartiments et on fait bien de toujours rendre les compagnies responsables des accidents qui surviennent, en ce qu'on peut toujours les rapporter à un vice dans les dispositions prises pour le transport des choses qui leur sont confiées.

Dans ces wagons mal suspendus, les secousses sont violentes et la station pénible ; il n'y a rien sur le plancher qui empêche les glissades ; la litière qu'on y met ne suffit pas pour donner la solidité dans les oscillations du wagon et surtout dans les coups de tampon qui se donnent dans les manœuvres de gare. Souvent même ce plancher, qui reçoit aussi d'autres marchandises, quelquefois des acides, est peu solide ou présente des vides dans lesquels le cheval engage un de ses pieds et ne tarde pas à se blesser en faisant des efforts pour le retirer. Les parois du wagon sont ordinairement solides ; mais elles ne résistent pas toujours aux poussées, aux coups de pied et aux autres efforts violents des chevaux, efforts qu'ils ne font que rarement quand ils sont soutenus et serrés dans une stalle ; souvent alors ces parois sont brisées sur quelques points et présentent tout-à-coup, pendant le trajet, des ouvertures par lesquelles les animaux engagent quelque partie de leurs extrémités ; des éclats de bois causent des plaies, des blessures profondes, souvent près des articulations. Ces accidents sont souvent très graves, parce que le train auquel appartiennent ces wagons parcourt quelquefois un long trajet avant qu'on ait pu s'apercevoir de ce qui était arrivé. « Il est vraiment étonnant, ajoute M. Rey, auquel nous empruntons une bonne partie de ce qui précède (*Jurisprudence vétérinaire*, p. 595), que les chevaux n'éprouvent pas plus souvent des accidents graves en chemin de fer, par suite des avaries qu'ils causent dans les wagons. »

Si les compagnies ne peuvent se payer le luxe de stalles pour les chevaux qu'on leur confie, qu'elles fournissent au moins des moyens de *séparation* convenables pour empêcher les chevaux de se blesser entre eux. Les compagnies sont responsables des blessures causées par les autres chevaux, parce qu'il y a manque de précaution, ces animaux n'ayant pas été séparés convenablement (REY). Le matériel ordinairement fourni est évidemment impropre à ce genre de transport, rien n'étant fait pour des séparations ; même pour un expéditeur qui en demanderait, les compagnies ne le lui accorderaient pas. Cependant ce serait chose facile ; la simple barre en bois rond, qui est un moyen un peu primitif, si elle se trouvait placée à hauteur convenable, aurait déjà son utilité ; mais il vaudrait mieux substituer à la barre une planche plus ou moins rembourrée et arriver à ce qu'on appelle la stalle volante ; la planche fixée par un anneau à l'une des parois du wagon serait suspendue par l'autre extrémité au plafond ; comme moyen de suspension de cette planche, de ces bat-flancs, il faudrait utiiser la sauterelle, ce moyen ingénieux qui permet de laisser tomber facilement la barre de séparation. Ces séparations mobiles seraient déjà d'un grand secours ; seulement, pour empêcher de trop fortes oscillations de la planche dans les mouvements du wagon, il faudrait encore la fixer au plancher par une chaînette. Ce mode de séparation ne sera cependant toujours qu'un pis-aller des stalles. — Nous ne saurions recommander le système employé par les marchands de chevaux d'Allemagne qui, pour aller de Hambourg à Bâle, par exemple, pensent éviter les coups de pieds en déferrant leurs chevaux ; les inconvénients qu'entraîne cette opération doivent largement contrebalancer ses avantages.

Si le wagon est au complet, les chevaux ne cherchent pas à se coucher ; dans les vachères il fait même bon serrer les chevaux ; l'on évite ainsi les coups de pieds qu'ils peuvent se donner et les animaux sont moins ébranlés, par suite de l'appui qu'ils se prêtent réciproquement ; surtout si en même temps ils s'acculent sur la paroi postérieure du wagon pour y trouver appui. En général, il faut empêcher les chevaux de se coucher dans le wagon durant le transport ; ils ne se reposeraient pas assez longtemps, se relèveraient à chaque ébranlement du wagon et seraient exposés à des glissades.

Dans le transport à tarif spécial, c'est-à-dire quand on ne paie pas par tête de cheval, mais à un prix déterminé par wagon, il arrive que les marchands abusent facilement et font entrer autant de chevaux qu'ils peuvent en placer et souvent les serrent au point de les rendre malades ou plus. Nous avons déjà signalé cet abus et nous y reviendrons avec plus de détails à propos du transport des bêtes bovines, où cet abus est plus fréquent et plus grand.

Aucune disposition n'est prise dans le mode de transport des chevaux à petite vitesse, pour pouvoir permettre au toucheur de *surveiller* facilement ses animaux ; très souvent on lui défend même de rester avec ses chevaux, et on le force à rester dans le fourgon du chef de train ; cependant la présence d'un palefrenier intelligent saurait éviter bien des coups de pieds et calmerait l'impatience des chevaux. Cette présence de l'homme est exigée pour les chevaux de troupe ; en ce cas cependant il faudrait, comme le demandait déjà M. le colonel du Paty de Clam, que le palefrenier puisse circuler avec sécurité sur un marche-pied extérieur, au lieu d'être obligé de passer sur le dos des chevaux qui le séparent de celui qu'il a à visiter ou à secourir.

Il n'y a dans le mode de transport des chevaux par vachères aucune disposition pour *nourrir* convenablement en route ou pour donner à boire ; cependant cela est nécessaire pour des animaux habitués à faire leurs repas à des heures régulières. Pour nourrir il faut jeter le foin par terre où il est facilement sali ; en même temps il faut cesser d'attacher court, ce qui expose à des prises de longe ; l'avoine ou le menu fourrage peut à la rigueur se donner dans la musette ; mais tout cela ne vaut pas le râtelier et la mangeoire d'une stalle où l'animal peut se distraire en mangeant petit à petit. En Amérique, toutes les douze heures on décharge les animaux pour les faire boire et manger ; c'est aller d'une extrême à l'autre, car des dispositions pour fourrager en wagons ne feraient pas perdre de temps. A défaut de wagon à compartiments et à râtelier, il faudrait au moins le genre de wagons dont nous parlerons à propos des bêtes bovines, ou bien des mangeoires mobiles.

Les wagons-vachères reçoivent ordinairement l'air de tous côtés, et alors les chevaux sont très exposés aux courants d'air froid et peuvent contracter des affections des voies respiratoires ; ces accidents sont surtout fréquents dans les voitures où les animaux, nombreux et serrés, sont en transpiration ; c'est à l'expéditeur à soigner qu'il n'y ait de l'air que d'un côté de la voiture, si la température extérieure est froide ; il choisira de préférence le côté de la croupe. Ce qu'il y a de dangereux, c'est de transporter les chevaux dans des wagons tout-à-fait découverts, comme cela arrive surtout dans la Prusse septentrionale, en Bavière et en Autriche. Ce système va pour la bonne saison, mais il est dangereux et nuisible par la pluie et en hiver ; c'est lui qui expose à des affections cérébrales, au vertige et à l'immobilité ; un wagon trop fermé expose aux congestions sanguines.

Pendant la saison froide il faut des couvertures, car le froid peut tellement affecter les chevaux qu'il leur faudra des semaines pour se remettre. N'ayant pas à manger à satiété, ils sont d'autant plus sensibles au froid. — Pour mettre à l'abri des mouches en été, il y aurait lieu d'essayer les filets à larges mailles dont parle le Dr Blatin (*Nos cruautés*, p. 274 et suivantes), et qui, malgré l'espace laissé libre entre les fils, ne sont pas traversés par ces diptères.

Si les ennuis du débarquement et du réembarquement n'étaient pas si grands, nous conseillerions d'entrecouper chaque voyage de plus d'un jour par une bonne promenade d'une heure au moins, pour rendre aux membres du cheval l'exercice qui leur est si nécessaire.

Il est des chevaux craintifs, des chevaux irritables, que le tumulte d'une gare, le sifflement de la locomotive, la fumée, le passage d'un autre train, la disparition subite des objets rend anxieux ou irrite ; on en a vu qui ont essayé de sauter hors du convoi ; ici il faut la présence de l'homme pour calmer et rassurer. Comme en toutes choses, c'est par la bonté, par des caresses et de bonnes paroles, par des friandises qu'on réussira mieux que par les brusqueries et par la violence.

TRANSPORT DES BŒUFS ET DES VACHES. — Les animaux de l'espèce bovine ne sont guère transportés à grande vitesse ; comme on ne les place pas dans les wagons-écuries, comme les wagons-vachères ne peuvent pas circuler dans les trains de vitesse, parce qu'ils sont moins bien suspendus sur leurs roues, on peut tout au plus les placer dans les trains mixtes. Les tarifs de la grande vitesse seraient d'ailleurs trop élevés, plus du double ; c'est fr. 0,224 par tête et par kilomètre, tandis que la petite vitesse ne coûte que fr. 0,10. Si l'on prend un wagon complet pouvant loger neuf têtes de bétail, on ne paie même que fr. 0,50 par kilomètre ; les prix sont plus réduits encore pour l'approvisionnement des marchés de Paris.

Notons ici que le transport des animaux par le chemin de fer est le seul moyen de suffire aux besoins toujours croissants de la consommation de Paris et autres grandes villes. Ce mode de transport a aussi eu son *influence sur la santé* du bétail ainsi amené sur les marchés. Avant la création des chemins de fer, les bœufs arrivaient à Paris par étapes souvent trop longues ; quelquefois ces animaux avaient à parcourir des distances de trois à quatre cents kilomètres. Les fatigues de la route, surtout pendant les chaleurs, prédisposaient les animaux à toutes sortes de maladies. Le changement brusque du régime de ces animaux, que l'engraissement avait déjà rendus plus délicats, pouvait occasionner une maladie. Les maladies les plus ordinaires étaient des inflammations gastro-intestinales, des indigestions chroniques, incurables, souvent des congestions des poumons et de la rate, de la fourbure aigüe ; les inflammations, surtout sur les animaux engraissés, devenaient assez facilement de nature gangreneuse ou charbonneuse et étaient alors rapidement mortelles. Les chemins de fer, en diminuant la fatigue des animaux pour arriver au marché d'approvisionnement, ont donc fortement diminué la mortalité de ces animaux et conséquemment leurs souffrances. Cette mortalité diminuera encore à mesure qu'on aura introduit dans ce mode de transport les divers perfectionnements dont il est susceptible ; quand on aura pris des dispositions pour que les animaux puissent être nourris en route et qu'ils soient mieux installés dans leurs wagons.

Le chemin de fer de l'Ouest amène sur le marché de Paris le bétail de la Normandie qui arrive surtout d'août à fin décembre ; la ligne d'Orléans amène les bœufs de l'Anjou, du Poitou et de la Guyenne ; l'Est en amène de la Champagne et de la Comté et surtout de l'étranger, de l'Allemagne et de la Suisse. La compagnie de la Méditerrannée fournit autant pour l'approvisionnement de Lyon et de Marseille que pour Paris.

C'est surtout en Allemagne que l'on voit le bétail de boucherie faire de longs voyages en chemins de fer sans être nourrid ou abreuvéd. On voit souvent du bétail hongrois partir de Vienne, traverser toute la Bohême, s'arrêter à peine à Bodenbach, et de là, traversant la Saxe, arriver à Hanovre, pour de là être de suite expédié sur le port de Brême ou à Hambourg. Rien de plus curieux à étudier, de plus intéressant aussi quan taux chances d'avoir de plus en plus facilement la peste bovine, que ce commerce international qui se fait en Allemagne. Celle-ci fournissant du bétail à la France par sa frontière de l'Ouest, est obligée d'aller en chercher de plus en plus en Orient, car ses populations aussi consomment plus de viande qu'autrefois. Les ressources ainsi trouvées par le commerce sont réellement étonnantes, et l'on a vu en 1866, dans l'approvisionnement de l'armée prussienne, des bêtes bovines dont on ignorait presque l'existence. Il y avait là, à côté du bétail des steppes de la Russie, des animaux sans cornes ou à cornes mobiles venant de la Tartarie, des bêtes à cornes retournées vers les joues tenant autant du buffle que du bœuf, etc.

L'on a souvent discuté dans ces derniers temps s'il ne serait pas plus avantageux, tant pour les animaux eux-mêmes qui souffrent des voyages en chemins de fer, que pour les éleveurs qui voient leurs produits perdre de leur valeur par ces souffrances, s'il ne serait pas plus avantageux, disons-nous, de ne pas alimenter le marché de Paris avec des animaux sur pied, avec des animaux vivants, et de n'y envoyer que la viande abattue, les quartiers de ces animaux. — L'administration de la capitale s'est montrée favorable à cette idée et a facilité, par divers arrêtés, la vente des viandes abattues, en organisant le marché à la criée, en instituant des facteurs spéciaux qui se chargent de la vente de ces viandes. Des avis favorables à ce genre d'alimentation ont été donnés par des membres de la Société impériale et centrale d'agriculture de France, ainsi que par des sociétés protectrices des animaux ; les cultivateurs eux-mêmes ont répondu assez favorablement, et l'on a vu d'année en année les ventes de viande à la criée en gros s'élever davantage et atteindre par année à peu près vingt millions de kilogrammes. C'est par ce moyen que Paris est parvenu à se procurer des filets et des quartiers postérieurs venant de plus de deux cents lieues et qu'il y a des expéditeurs de ces viandes, non-seulement dans les endroits les plus écartés de la France, mais même en Suisse, à Zurich, par exemple, et en Allemagne jusque vers Augsburg et Munich. En Angleterre, d'ailleurs, l'expédition sur Londres des viandes abattues a lieu dans de très fortes proportions ; et une société vient même de se monter qui, sous la surveillance de M. Gamgee, doit fournir de la viande fraîche depuis l'Amérique ; ce sont les glaces de la Norwége qui doivent contribuer à la conservation.

Nous croyons qu'il n'est pas possible d'émettre une opinion définitive dans cette question qui dépend d'un grand nombre de circonstances ; c'est aux producteurs, aux expéditeurs à juger s'ils ont avantage à envoyer la viande vivante ou abattue ; ils auront surtout à peser s'ils ne risquent pas les altérations si faciles pendant la saison chaude et si les frais de grande vitesse qu'ils ont à payer ne contrebalancent pas ce qu'ils profitent sous d'autres rapports. — Quant à l'hygiène publique, si elle voit arriver les animaux moins fatigués ou épuisés, si elle trouve moins de danger pour les maladies contagieuses qui peuvent se déclarer sur les marchés métropolitains , elle voit d'un autre côté surgir d'autres dangers, en ce qu'elle ne sait pas si la viande provient d'animaux sains ; elle devrait pouvoir s'entourer de garanties que ne donnera qu'un service vétérinaire général pour toute la France. Le transport de la viande destinée à la boucherie fait en quartier, au lieu d'être fait en bêtes sur pied, a souvent été considéré comme un moyen d'éviter les inconvénients inhérents au transport des animaux en chemin de fer ; nous n'attachons cependant que peu de valeur à ce moyen qui ne deviendra jamais général.

Le tempérament lymphatique des animaux de l'espèce bovine se prête d'ailleurs très bien au transport en chemin de fer ; ici l'on n'a pas à craindre l'impatience ou l'emportement du cheval qui brise si facilement les parois les plus solides de son wagon ; le taureau lui-même est calme, s'il n'est pas trop excité par la vue d'un autre mâle ou d'une vache. Ces animaux sont tranquilles, surtout quand le wagon est en mouvement, et on les voit ruminer comme s'ils étaient dans leurs étables. — Les wagons-vachères, qui ont tant d'inconvénients pour le transport des chevaux, conviennent au contraire aux animaux de l'espèce bovine ; il n'y manque que quelques détails d'aménagement que nous verrons au fur et à mesure.

Une première question qui se pose, c'est celle de savoir s'il faut forcer les animaux de l'espèce bovine *à rester debout*, ou si on doit leur permettre *de se coucher* durant le transport ? La réponse à cette question est variable suivant les individus qu'il s'agit de transporter et suivant la distance à parcourir. Comme principe général, on peut cependant dire que la bête bovine, qui est couchée, n'est pas effrayée comme le cheval à chaque ébranlement du wagon, par les coups de tampon, qu'elle reste tranquillement couchée et que ce serait le décubitus la position la plus normale pour le transport des bêtes bovines. — Mais les intérêts de l'expéditeur ne permettent pas toujours d'accorder aux animaux ce bien-être, où il faut le double de place que dans la position de debout. Pour le bétail fin gras nous conseillerons cependant de toujours laisser assez de place pour lui permettre de se coucher ; il devrait en être de même pour les vaches pleines ; pour ces dernières il faut tout faire pour éviter les heurts et les coups qui provoqueraient l'avortement. Le bétail en chair, les bêtes de travail et les laitières peuvent sans inconvénient être serrées de manière à rendre la station forcée ; en se prêtant un mutuel appui ces bêtes ne se fatiguent pas trop sur leurs membres. Il est bien plus convenable de placer les animaux un peu serrés que de mettre dans un wagon un chiffre inférieur à ce qu'il peut contenir ; expliquons-nous par un exemple : Si dans un wagon où, il y a place pour neuf vaches, on en place six, cela ira bien, car elles pourront toutes se coucher sans se gêner ; mais si on en place sept ou huit, il se peut que l'une d'elles se couchera ou soit renversée par un choc ; alors les autres lui marcheront dessus, lui écraseront les mamelles ou les membres ; il vaudrait mieux qu'on eût placé les neuf vaches. S'il arrive des accidents dans un transport de bêtes bovines, c'est presque toujours parce qu'en les chargeant on n'a pas eu soin de les serrer et que cependant elles n'étaient pas assez espacées pour se coucher convenablement. Outre qu'elles se font marcher dessus, elles s'entremêlent par leurs longes et se donnent des coups de corne. — Pour les voyages de plus de vingt-quatre heures, il faudrait toujours s'arranger de manière à ce que les animaux puissent se coucher ; mais c'est ce que les marchands ne voudraient pas comprendre.

Les marchands, pour gagner de la place, ont l'habitude de *croiser* les animaux ; c'est-à-dire que si la première bête est placée de manière à tourner la tête à droite, la seconde sera placée avec la tête à gauche et ainsi de suite ; de cette manière le thorax d'une bête se cache dans le creux de l'épaule de l'autre, la saillie de la hanche dans le creux de l'encolure, et pour dix bêtes ainsi placées on gagne presque la place pour deux autres. L'on a beaucoup crié contre ce système de placer les animaux ; en Suisse il est formellement interdit ; l'on croit généralement que le thorax se loge dans le creux abdominal et qu'on gène ainsi la respiration et les mouvements du rumen ; il n'en est cependant rien et ce système n'est nuisible que si les animaux sont serrés à l'excès ; alors le thorax, pressé contre le scapulum, a de la peine à se soulever dans les mouvements d'inspiration, et à la longue cela doit nuire à la santé des animaux.

Il peut être chargé dans un même wagon, par un même expéditeur, à ses risques et périls, telle *quantité de bestiaux* qu'il jugera convenable, en ne payant que le prix du wagon complet. Cette latitude accordée par les compagnies donne lieu à de fréquents abus, ainsi que nous l'avons déjà dit ; ces abus sont surtout fréquents dans le transport des bêtes bovines et c'est ici le moment d'examiner la question dans tous ses détails. Souvent on charge dans une vachère le double de bestiaux qu'elle doit ou peut contenir. Nous avons vu souvent des bêtes tellement serrées que les côtes de l'une se logeaient profondément dans les espaces intercostaux de l'autre et qu'elles ne pouvaient respirer qu'avec peine ; nous avons vu une fois les parois solides d'un wagon céder sous la pression que les malheureuses bêtes éprouvaient elles-mêmes. Souvent l'expéditeur, pour faire une maigre économie, s'expose à des pertes très sérieuses ; il est puni souvent dans sa fortune ; mais sa perte pécuniaire n'excuse pas la cruauté volontairement commise par lui, sciemment tolérée par les compagnies. « Evidemment, dit M. Blatin (*Nos cruautés envers les animaux*, p. 248), si la compagnie n'est pas, aux termes de ses règlements, responsable du préjudice, elle n'en est pas moins complice du délit de mauvais traitements, en laissant commettre ces entassements horribles. Quoiqu'en louant ses wagons elle en ait abandonné le gouvernement intérieur aux propriétaires et conducteurs de bestiaux, elle ne peut échapper à l'application de la loi du 2 juillet 1850 (loi Grammont). Jamais il ne lui sera loisible de dire : Je consens à transporter vos animaux, mais seulement à vos risques et périls. Une compagnie qui agirait ainsi violerait un principe public. » M. Blanche, avocat-général à la cour de cassation, dit « que les administrateurs de chemins de fer sont fonctionnaires publics et entrepreneurs de transport. En cette dernière qualité qu'ils louent leurs wagons, rien de mieux ; mais qu'ils se souviennent de leur premier titre qui est leur raison d'être. Qu'ils ne souffrent d'aucun de leurs locataires cruauté ou insensibilité ; qu'ils surveillent l'exécution de la loi Grammont qui doit être affichée et invoquée dans les contrats. » (1)

Loin d'empêcher l'abus, les compagnies l'ont facilité en s'affranchissant de toute responsabilité, dès qu'on a dépassé des chiffres maximums qu'elles ont fixé ; ces chiffres sont variables suivant la compagnie, mais en général trop faibles et quelque peu arbitraires. C'est là la faute commune ; en effet, la compagnie du Nord n'accepte par wagon que cinq bœufs, vaches ou taureaux ; l'ancienne compagnie des Ardennes, comme celle de Lyon à Genève, en acceptait six ; le réseau du midi sept ; l'Ouest huit vaches ou douze génisses ; les tarifs de l'Est et de la Méditerranée ne fixent pas de maximum ; les chemins de fer suisses accordent le chiffre de neuf vaches. Ces chiffres, les derniers exceptés, sont tous inférieurs au chiffre que comporte la dimension des wagons. — La dimension des vachères varie considérablement, même pour une même compagnie ; des vachères (wagon J) de la compagnie de la Méditerranée ont 4^m 60 de longueur, d'autres 5^m 20 ; des wagons Po, Kfx de la compagnie d'Orléans mesurent 5^m 60 et 5^m 80, des wagons K de l'Ouest mesurent 5^m 80 et même 6^m 20 ; des wagons N de l'Est ont 5^m 20 et 5^m 50 de longueur, tandis que d'autres wagons N de la même compagnie mesurent à peine 4^m 20 ; des wagons K du Central suisse mesurent 5 mètres, du Nord-Est suisse 5^m 20, de l'Ouest suisse 5^m 50. Nous avons mesuré des wagons luxembourgeois qui avaient 6^m, des badois de 5^m 25, des hollandais de 5^m 60 et enfin des

(1) La cour de cassation, par arrêt de la chambre des requêtes (présidence de M. Boujean) dans son audience du 8 février 1869, a décidé que : « L'obligation, imposée à l'expéditeur par le tarif d'une compagnie de chemin de fer spécial au transport des animaux vivants, d'opérer le chargement et le déchargement des animaux et de leur donner en route tous les soins nécessaires, ne dispense pas la compagnie de veiller elle-même à ce que le transport s'effectue dans de bonnes conditions ; en conséquence, elle peut-être déclarée responsable des accidents arrivés aux animaux pendant le trajet, lorsqu'elle ne prouve pas le cas fortuit ou de force majeure. Cette décision de la jurisprudence qui est survenue depuis que ce qui précède a été écrit, prouve combien nous étions dans le vrai.

belges ayant jusqu'à 6ᵐ 40. Les compagnies usant indistinctement de leurs propres wagons et des wagons appartenant à d'autres compagnies se trouvant vides dans la gare d'expédition, comment veut-on fixer un chiffre maximum unique pour des dimensions si variables, où il y a comme extrêmes 4ᵐ 20 et 6ᵐ 40 ?

Ce chiffre dépendra encore de la dimension des bêtes à transporter ; il est évident que les petites races prendront moins de place que les grandes ; que la petite vache bretonne, par exemple, ou celle de Schwytz ont sous ce rapport beaucoup moins d'exigence que les bœufs nantais ou la vache fribourgeoise. C'est là sans doute ce qui a dicté à la compagnie de l'Ouest cette clause de son tarif que les expéditeurs de bœufs ou vaches qui ont à faire transporter des animaux d'un poids inférieur à 500 kilogrammes par tête de bœuf ou de vache, peuvent charger dans le wagon, à leurs risques et périls, un nombre d'animaux supérieur au nombre fixé.

D'après de nombreuses observations, nous estimons que pour un wagon de cinq mètres de long, l'on peut loger, sans qu'il s'en trouvent mal et même de manière à ce qu'ils se soutiennent mutuellement, 7 bœufs de taille ordinaire et en chair, 8 vaches de bonne taille, 9 vaches de moyenne taille, 10 génisses ou vaches de petite taille, 12 bêtes au-dessous d'un an (bouvillons). Si le wagon dépasse sensiblement les cinq mètres l'on pourrait augmenter le chiffre d'une ou de deux têtes et réciproquement. Il n'y a pas moyen de recourir à un pesage ou à une mensuration des animaux, et ce sont les moyennes ci-dessus indiquées que nous proposerions comme base aux compagnies, au-delà desquelles, non-seulement elles ne doivent pas garantir, mais qu'elles ne doivent jamais et à aucune condition laisser dépasser. Nous croyons qu'il y a lieu en effet de prescrire rigoureusement le nombre d'animaux de telle espèce qu'un wagon ou vachère doit ou peut contenir, pour prévenir tout entassement ; il y a lieu d'inscrire le nombre de places comme on le fait pour les voyageurs ; il y va de l'intérêt même des compagnies, il y va de l'humanité et de la compassion vis-à-vis de nos animaux ; il y va enfin de l'hygiène publique, afin que la viande soit aussi nourrissante que possible et non malsaine. Nous sommes aussi ennemi des excès de réglementation qu'un autre, mais nous croyons qu'en présence d'expéditeurs sans conscience, de toucheurs habituellement cruels, il faut de la réglementation d'abord et l'application de la loi ensuite ; la liberté dégénérerait bien vite en licence, à moins d'une augmentation de la sévérité de la loi. Constatons, en terminant cette question, que c'est en France surtout qu'il y a sous ce rapport un laisser-aller regrettable ; que dans plusieurs pays d'Allemagne, et en Suisse surtout, on réprime, au contraire, très sévèrement cet abus ; en Suisse la réglementation est très nette sous ce rapport et l'esprit le plus juste et le plus ami de liberté ne trouve pas motif à se plaindre.

Quel que soit le trajet à parcourir, les animaux doivent toujours avoir une bonne et abondante *litière*. — Il faut soigneusement veiller à ce que les animaux soient bien *attachés* ; dans la plupart des vachères il y a des anneaux *ad hoc* ou des ouvertures dans la paroi ou bien encore des tringles ou des barreaux. — La *surveillance spéciale* des animaux de l'espèce bovine n'est pas nécessaire, à moins que l'on ne transporte des vaches pleines pour lesquelles il y a à craindre des avortements. La présence constante du toucheur dans le wagon, présence si nécessaire pour les chevaux, est inutile chez les bêtes bovines ; il suffit que le toucheur utilise les temps d'arrêt pour examiner et soigner ses bêtes ; nous ne parlons ici que des soins extérieurs ou moraux que le toucheur doit à ses animaux, nous parlerons plus loin de ce qui est à faire quand il faut nourrir en route. Si le toucheur est obligé d'aller voir ses animaux pendant la nuit, qu'il se fasse accompagner par un homme d'équipe muni d'une lanterne ; qu'il se garde bien d'user d'une bougie ; nous avons vu un wagon ansi incendié où sept vaches ont été horriblement brûlées.

Aucune disposition n'est prise dans les vachères pour *pouvoir nourrir* les animaux pendant le voyage et cependant si un animal quelconque ne peut se passer de manger durant une journée, les bêtes bovines ont surtout besoin de toujours trouver leur ration d'entretien. L'animal destiné à la boucherie, s'il est condamné à l'abstinence, diminue rapidement de poids ; le lait de la laitière se tarit ; à un animal quelconque il faut, pour l'entretien de la vie, une quantité d'aliments, de principes nutritifs proportionnels au poids de l'animal ; s'il ne les trouve pas dans sa nourriture, il les prend à ses propres tissus au détriment de quelques parties essentielles de son économie. Cependant l'on voit quotidiennement et en grand nombre des bêtes bovines rester en route pendant douze, vingt, vingt-quatre et même trente-six heures, quelquefois même plus, sans qu'ils aient reçu le moindre brin de fourrage ! C'est contraire au bon sens, contraire aux intérêts de l'expéditeur ; c'est surtout encore contraire à la santé des animaux qui en souffrent et doivent éprouver de la douleur. La viande de ces animaux ne vaut certainement pas la viande saine ; elle est souvent nuisible à la santé de l'homme, toujours moins digeste. Nous admettons qu'il n'y a pas besoin que l'animal soit complètement rassassié, mais qu'il reçoive au moins la ration d'entretien ; cela n'est pas tellement difficile, il suffit de la bonne volonté de la part des expéditeurs et de la part des compagnies ; car ici encore si la plus forte accusation doit peser sur les propriétaires qui, connaissant la durée du trajet, embarquent sans soigner la nourriture, la compagnie n'en est pas moins complice du délit de mauvais traitements et responsable. (DELATTRE.)

Malgré ces considérations, la majeure partie des bêtes bovines, avec lesquelles on approvisionne les marchés de Paris et des autres grandes villes, viennent dans la capitale, après avoir jeûné plus ou moins longtemps ; souvent ces animaux avaient fait un voyage avant de s'embarquer, souvent il y a encore un voyage à faire à l'arrivée. Aussi l'état de quelques-uns de ces animaux, à leur arrivée dans les gares ou sur les marchés de Paris, est-il quelquefois piteux ; il n'y a qu'à lire à ce sujet la description qu'en fait M. le docteur Blatin dans son excellent livre : *Nos cruautés envers les animaux,* p. 242 et suivantes. La mauvaise apparence qu'ils ont, triste réalité pour ces pauvres êtres, fait que souvent ils se vendent mal ; et cependant ce ne serait pas si difficile d'y porter remède. Nous avons connu un marchand de Belfort qui en 1865 achetait à bon marché du bétail en Suisse et le vendait très bien à Poissy et à Sceaux. Son bétail avait toujours meilleure apparence que celui de ses camarades, qui avaient cependant eu le même trajet à faire ; c'est que cet homme avait un secret et ce secret consistait à faire prendre à ses bêtes, au moment du départ, quelques bons litres de grains et notamment de l'avoine. L'intérêt de l'expéditeur doit donc le pousser à nourrir ses animaux pendant le voyage et à s'arranger de manière à pouvoir le faire ; il faudrait même un règlement, une loi pour l'y forcer.

D'après MM. Moll et Gayot (*Connaissance générale du bœuf,* p. 45) l'entretien de la vie chez les bêtes à cornes exige par jour 830 grammes de foin ou l'équivalent pour chaque 50 kilog. de poids de l'animal vivant, ou 1/60 du poids de la bête ; pour que l'animal soit complétement rassassié, il lui faudrait par jour 1/30 de son poids ou 1 k. 660 grammes pour chaque 50 kilog ; outre les substances sèches, l'animal a besoin de 4/30 d'eau ou de tout autre liquide contenu dans ses aliments. Quoique ce calcul par équivalents de foin ne soit pas ce qu'il y a de plus scientifique pour servir de base à l'alimentation rationnelle des bêtes bovines, nous croyons qu'il a son utilité réelle dans le cas spécial où il s'agit de fixer la ration que l'expéditeur doit fournir à ses animaux, où on fixe la ration pour quelques jours seulement. Nous pensons qu'il faut accorder aux bestiaux transportés en chemins de fer et voyageant plus de douze heures un minimum de substances alimentaires équivalent à la ration dite d'entretien.

Il est évident qu'on ne peut emporter la quantité de foin nécessaire pour un long voyage ; il en faudrait de trop ; pour un wagon de bœufs (huit bœufs de 500 kilog.) il faudrait pour deux jours plus de cent vingt kilog. de foin, ce qui prendrait une place énorme dans un autre wagon. Mais le foin peut être remplacé par des aliments plus nutritifs pour le même poids ; c'est ainsi qu'au lieu de 125 kilog. de foin on peut prendre 60 kilog. l'avoine ou 50 kilog. d'autres grains qui seront bien moins encombrants. Les bœufs de halage et de charroi du Midi, le bœuf de labour de la Meurthe reçoivent souvent leurs rations d'aliments en grains ; on économise beaucoup les autres fourrages et on abrége les temps des repas. Les bêtes bovines ont toujours le rumen assez garni de fourrages longs pour trouver le lest nécessaire et celui qui doit fournir le fonds à la rumination ; en y ajoutant des grains, on ajoute une grande quantité de principes alibiles ; les grains sont d'ailleurs très bien digérés par les bêtes bovines, même plus complétement que par les chevaux, parce qu'une bonne partie du ligneux est encore dissoute par les sucs de leurs viscères gastro-intestinaux. Dans le cas particulier qui nous occupe, l'avoine ou le seigle constituent donc l'aliment par excellence pour les bêtes bovines, surtout parce que la digestion étant longue, les animaux transportés ne sentiront la faim qu'au bout d'un temps assez long ; l'avoine écrasée serait peut-être préférable à l'avoine entière. Comme succédanné de l'avoine et même comme préférable sous quelques rapports, quoiqu'un peu plus encombrant, nous avons vu employer les mélanges d'avoine, de paille hâchée, de son, de farineux, quelquefois des carottes ou des betteraves coupées, le tout bien arrosé d'eau salée. Il y aurait peut-être lieu d'essayer de ces mélanges de fourrages, se conservant en meules comprimées, que les Anglais avaient exposés à Paris en 1867 et qui leur servent à l'alimentation du bétail pendant les voyages sur mer ; il y avait là d'excellents mélanges et qui paraissaient devoir se bien conserver.

Avec la disposition actuelle des vachères, où il n'y a ni râtelier, ni mangeoire, il est impossible de fourrager en route ; il faut donner la nourriture dont nous avons parlé un peu avant le départ, un moment avant l'embarquement ; durant le voyage un expéditeur consciencieux a cependant encore une ressource, c'est de partager du pain entre les animaux ; une miche de pain de 3 kilog. est bien vite partagée entre deux bêtes ; il suffit d'un arrêt dans une gare ; cet aliment soutiendra très bien les animaux.

Comme l'hygiène exige qu'on fasse faire un repas au moins toutes les douze heures aux animaux, et que les wagons sont tellement mal construits qu'il est impossible aux expéditeurs de donner ni à boire ni à manger en route, on fera bien de rendre les compagnies responsables des accidents qui pourraient survenir à la suite de la faim des animaux.

Avec l'importance qu'ont aujourd'hui les transports de bêtes bovines en chemins de fer, les compagnies devraient être tenues de fournir au moins un matériel à mangeoire ; car nous ne serions pas partisan du système américain où, toutes les douze heures, l'on décharge les animaux pour les faire boire et manger. Il y avait à l'exposition de 1867, près de la société protectrice des animaux, un modèle de wagon de bétail construit en Autriche où il y a d'un côté de longues mangeoires comme dans une étable modèle ; elles ont l'inconvénient de ne pas se prêter à une distribution régulière des fourrages pour chaque bête et il doit y avoir des occasions de dispute. Nous préférerions de plus petites mangeoires et même de simples auges en tôle émaillée qu'on pourrait rendre mobiles ; l'on pourrait en fixer autant dans la vachère qu'il y a de bestiaux. Ce genre de mangeoires dont chaque gare aurait une certaine réserve serait aussi très utile pour le transport des chevaux en vachères, et se donnerait alors en même temps que les planches de séparation dont nous avons parlé plus haut. M. le colonel du Paty de Clam, cité par M. Blatin (*Loco-citato*, p. 239), voudrait que la partie du wagon correspondante à la tête des animaux s'ouvrît par un mouvement de bascule, de manièrs à former une crèche extérieure, où serait répartie, pendant les haltes, la nourriture des animaux, et dans laquelle on les ferait boire. On fermerait ensuite cette ouverture, au moment où le train devrait se mettre en route.

Les *boissons* sont également nécessaires aux bêtes bovines que l'on transporte, et même celles qui font de longs trajets en chemins de fer par les fortes chaleurs, doivent bien souffrir. Cependant ordinairement on ne donne pas à boire en route et aucune disposition n'est prise pour pouvoir désaltérer les animaux pendant la route ; d'une part il faudrait que le toucheur apportât lui-même un sceau et qu'il profitât d'un arrêt dans une gare ; mais que de difficultés, d'une part pour avoir de l'eau dans une gare, d'autre part pour la distribuer dans les vachéres. Quand M. Thévenin dit que « dans toutes les gares d'arrêts ou d'arrivée, l'eau est abondamment et *gratuitement* mise, par la compagnie, au service des conducteurs de bestiaux », nous répondrons qu'il n'en est malheureusement rien, et que ce n'est qu'à force de pourboires aux hommes d'équipe qu'on peut se procurer l'eau nécessaire. Il faudrait, en effet, que dans les gares d'arrêts les conducteurs trouvent facilement ce qu'il faut, non-seulement l'eau, mais aussi les fourrages, les grains et des farineux ; et cela non pas gratuitement, car l'on payerait volontiers pour ne pas être obligé de courir dans une ville inconnue et souvent à une heure indue ; cela serait d'autant plus utile que les temps d'arrêt ne sont pas toujours assez longs, surtout pour les trains dits de bestiaux. De même qu'il y a des buffets pour les voyageurs, qu'il y ait dans toutes les gares importantes des magasins de fourrages à la portée des expéditeurs de bestiaux ; nous ne doutons pas qu'il ne se trouve facilement des entrepreneurs.

Signalons à propos de la distribution des boissons aux animaux transportés en chemins de fer, le petit modèle du wagon Réïd que nous avons vu à l'exposition ; il a été imaginé en Ecosse et envoyé à la société protectrice de Paris par celle d'Edimbourg ; on pourrait l'essayer avantageusement.

Il n'y a que peu à redire sur l'*aération* des wagons qui

ont le plus souvent assez d'ouvertures, quelquefois même un peu de trop. Il faut proscrire les wagons complètement découverts, que l'on n'emploie que quelquefois en France, mais qui sont d'un usage continuel en Bavière, en Prusse et en Autriche. D'un autre côté, il faut également proscrire les wagons qui n'ont que peu de jour, comme les hollandais, ou ceux qui n'en ont pas du tout, comme les anciens wagons K du Central suisse, où il faut alors donner l'air en ouvrant les deux portières qui sont aux extrémités du wagon, portières par lesquelles des animaux ont déjà sauté sur la voie. La hauteur des vachères est ordinairement convenable, elle varie de 2^m à $2^m 50$; ordinairement elle est de $2^m 20$. La température intérieure du wagon monte sensiblement par la présence du bétail, surtout si le wagon est arrêté dans un endroit où donne le soleil ; mais le courant d'air qui s'établit dès que le convoi est en marche, ne laisse bientôt plus de différence sensible de température avec l'extérieur, si on a eu soin de bien ouvrir les ventaux. Par le temps froid il ne faut ouvrir que modérément, mais jamais fermer tout-à-fait. Parmi ces ventaux il y en a qui s'ouvrent ou se ferment en dedans, ce qui est très incommode en ce qu'on ne peut plus y toucher une fois que les animaux sont logés dans les wagons ; il vaudrait mieux employer le système de la compagnie d'Orléans, où il y a des volets se remuant de haut en bas dans des coulisses situées en dehors et munis de tringles qui permettent de régler l'ouverture qu'on veut accorder.

Il y aurait bien des choses à examiner dans le *détail du matériel* employé, il y aurait à parler de la dimension des ventaux, de la manière dont s'ouvrent les portières, du mode de suspension des voitures, de l'avantage des freins automoteurs, etc., etc. ; ce sont des questions qui ne sont pas de notre compétence.

Pour finir la question du transport des bêtes bovines, indiquons encore les *précautions spéciales* à prendre pour les vaches nourrices et pour les laitières. Il arrive facilement qu'une vache vienne à véler en route ; c'est alors au toucheur à voir ce qu'il y a à faire ; le plus simple, si on ne préfère la débarquer, c'est de demander un wagon à part où on la mettra sur abondante litière avec son veau, à l'abri des courants d'air et où on la surveillera bien. Il arrive aussi qu'une vache ayant vélé peu de jours avant le départ, l'on ne veut ou l'on ne peut la séparer de son veau , on doit

alors attacher le veau au-devant de sa mère, assez court
pour qu'on ne lui marche pas dessus ; le plus commode
c'est de le placer dans le coin du wagon ; l'on profitera
d'un temps d'arrêt pour approcher le veau des mamelles
de la mère. C'est pendant les arrêts dans une gare qu'il
faut aussi faire la traite des laitières ; les employés des
gare fourniront toujours des vases, pour peu qu'on leur
donne le lait ; sans cette précaution l'on risquerait quelque
maladie des mamelles, ou au moins des sensations pénibles
pour les animaux.

TRANSPORT DES VEAUX. — Les veaux transportés en nombre
prennent place dans les vachères comme les grands rumi-
nants ; transportés isolément on peut les placer dans le
fourgon du conducteur.

Il faut que les veaux soient toujours transportés de manière à ce qu'ils puissent se coucher pendant le voyage ; il
faut donc qu'il n'y en ait pas un trop grand nombre dans
le wagon. Comme pour les autres espèces animales, les
compagnies ont fixé un chiffre maximum au-delà duquel
elles sont affranchies de toute responsabilité ; ce chiffre,
variable suivant les compagnies, est encore des plus arbitraires. La compagnie du Nord autorise quatorze veaux
par wagon ; les Ardennes et Lyon-à-Genève en autorisaient
15 ; l'Orléans en admet 20, l'Ouest et le Midi 25 ; pour
cette dernière compagnie, si les veaux pèsent plus de 25
kilogrammes, on ne doit en mettre que 15. — Le nombre
des veaux à placer dépend évidemment de la dimension
des animaux eux-mêmes ; vingt veaux de Thurgovie ou de
la Normandie se logent à peine là où se placeraient qua-
rante à cinquante veaux vosgiens, et surtout de ces veaux
de 25 kilog., dont parle le tarif de la ligne du Midi. Dans
un wagon ordinaire ayant 5 mètres de long et 2^{m}50 de
large, l'on peut placer vingt- cinq à trente veaux d'un poids
moyen de cinquante kilogrammes, c'est-à-dire à peu près
deux veaux par mètre carré. Il ne faut pas oublier que les
wagons varient considérablement dans leur longueur et que
la largeur varie de 2^{m}15 à 2^{m}50, suivant les compagnies
et suivant l'espèce de matériel. En hiver on peut facilement
serrer un peu plus ; en se couchant plus près l'un de l'autre,
les veaux se tiennent chaud ; une bonne litière est surtout
nécessaire pour ces jeunes animaux.

S'il y a nécessité de *nourrir* en route les bêtes bovines

adultes, à plus forte raison faut-il que les veaux reçoivent en route les aliments qui leur sont nécessaires ; comme les enfants, ces jeunes bêtes sont toujours disposées à manger, et sont par là même plus sensibles à la faim. Un veau d'élève ne doit jamais passer plus de six heures sans avoir pris de la nourriture, soit à la mamelle de sa mère, soit d'un aliment qui lui convient. Un veau d'âge préparé par une alimentation artificielle à un rendement en boucherie, supportera l'abstinence pendant plus longtemps et deux repas par jour lui suffiront, s'ils sont copieux et de facile digestion. L'aliment le plus naturel des veaux est le lait ; mais, en voyage surtout, il n'est guère facile de leur en procurer. Le lait, chez les veaux qui ont passé les vingt et un jours, se remplace très facilement par de l'eau farineuse, par une échaudée de son avec du pain, le tout coupé avec plus ou moins de lait que les veaux boivent assez facilement au baquet pour peu qu'on les aide ; une addition de thé de foin serait utile, mais en voyage on n'a pas souvent le temps de le faire. Si l'arrêt dans une gare est assez long, on pourra toujours se procurer un aliment de ce genre ; s'il faut quelques courses, un peu de peine, cela est autant dans l'intérêt du propriétaire que dans celui des animaux. Quand les arrêts dans les gares ne sont pas assez longs, si l'on ne peut pas faire boire toute la smahla, il faut immédiatement recourir aux œufs et en casser deux ou trois dans la bouche de chacun des veaux, en leur laissant avaler le tout, coquille, blanc et jaune. On attribue à la coquille de l'œuf l'avantage de neutraliser les acides de l'estomac, et surtout de prévenir les diarrhées, si faciles avec le régime artificiel nécessaire pendant le voyage.

Signalons, pour le désapprouver fortement, le moyen employé par quelques marchands qui, avec une quinzaine de veaux, mettent deux ou trois vaches où les veaux doivent téter en route ; ces vaches sont vraiment martyrisées à force de succion, et on les voit se défendre à coups de pieds ; c'est là un moyen barbare, pour lequel il faudrait appliquer la loi Grammont.

Il faut certaines précautions quand on veut désaltérer des veaux, car les privations les rendent goulus, surtout vis-à-vis des boissons ; souvent ils avalent les liquides tellement précipitamment, qu'une partie de ceux-ci fait fausse route et pénètre par la trachée dans les bronches et provoque une pneumonie sur-aigüe, accompagnée d'altération du sang et d'hématurie ; c'est là une maladie mortelle assez commune, quoique peu connue.

Il faut pendant le trajet *surveiller* les veaux, mais une surveillance continue n'est pas nécessaire ; une visite lors des arrêts suffira ; il faut veiller à ce que les veaux ne se couchent pas l'un sur l'autre et ne s'étouffent ainsi. Ce danger est surtout à craindre, si, avec les veaux, on fait voyager dans le même wagon des porcs ; les porcs se couchent facilement sur les veaux et les étouffent.

Le transport de tout jeunes veaux est surtout enveloppé de difficultés, et il n'y a de remède à y porter qu'en défendant sévèrement, non-seulement la vente à la boucherie de veaux non encore mûrs, mais même la vente pour l'élevage. Nos cultivateurs sont trop portés à se débarrasser de leurs veaux dès le second ou le troisième jour après le vêlage ; tantôt, c'est parce qu'ils peuvent tirer plus de bénéfice de la vente du lait que de l'élevage de ce produit, tantôt, c'est parce que leur intérêt spécial leur dit de ne pas faire d'élèves. (1). Ils trouvent des commerçants pour leur acheter ces produits et ne se rendent aucun compte de ce sevrage prématuré et des souffrances qu'il doit entraîner. Ces malheureux veaux sont souvent privés pendant vingt-quatre heures de toute nourriture, et ils sont ensuite vendus comme un aliment analeptique, quand par elles-mêmes déjà leurs chairs blanches et molasses ne sont que laxatives. C'est pour ces pauvres êtres surtout que nous avons constaté un excès d'insensibilité chez les transporteurs et une insouciance complète pour les nourrir, sans doute parce qu'ils sont encore trop jeunes pour se plaindre.

TRANSPORT DES PORCS. — Après ce que nous venons de dire des veaux, il n'y a que très peu à ajouter relativement au transport des porcs.

Dans le transport d'animaux de cette espèce, il ne faut pas oublier que l'habitude des porcs de se vautrer dans la fange, habitude qui en a fait des animaux immondes pour certains peuples, ne vient que du besoin urgent qu'ont les

(1) En Suisse, dans les communes qui fournissent aux pâturages alpins, l'on n'élève plus de fin février à fin de mai. Pour la seule alimentation des communes de Guebwiller, Thann, Cernay et Mulhouse, il vient à cette époque et par semaine un contingent extraordinaire de 4, 5 et 600 veaux, nés dans la semaine et ayant peine à se tenir debout.

porcs de fraîcheur ; il faut leur en accorder, surtout durant les transports et pendant l'été, comme nous le dirons plus loin. Les chiffres maximums à charger par wagon, accordés par les compagnies, sont variables et les mêmes que pour les veaux, ce qui prouve combien ils sont mal calculés. Ici nous les trouvons moins contraires à la normale, parce que le porc moyen exige plus de place que le veau moyen ; là où l'on place quatre veaux, il ne faut placer que trois porcs. Les porcs trop serrés dans les wagons s'étouffent facilement entre eux, soit en se couchant l'un sur l'autre, soit en se pressant trop fortement. Les porcs, surtout pendant la chaleur, sont exposés à mourir assez facilement d'une espèce d'asphyxie, par épaisissement du sang ; on dirait que la fibrine de celui-ci, ne trouvant plus son emploi, est altérée. Cette maladie subite, où il y a altération du sang comme dans toutes les affections graves du porc, a souvent été prise pour du charbon ; il n'en est cependant rien ; le microscope n'y découvre pas les bacteries caractéristiques du charbon et la viande des animaux morts est utilisable. Son aspect ne la rend pas propre à l'étal, mais elle peut être consommée par des particuliers, si l'animal a été vidé en temps utile, pour empêcher l'odeur des intestins d'imprégner les quartiers ; cette consommation de porcs morts en route ne doit cependant être autorisée qu'après le bien-vu d'un vétérinaire. Cet accident, très fréquent en été, il faut le prévenir en ne mettant pas un nombre trop considérable de porcs, surtout de porcs gras, dans un même wagon ; on le prévient encore assez bien en donnant à boire aux porcs de l'eau acidulée avec de l'acide sulfurique (5 grammes environ par litre d'eau) ; à défaut de cet acide, on peut donner de l'eau vinaigrée. On fera bien aussi de profiter des temps d'arrêt pour arroser un peu le plancher du wagon ; l'on pourra aussi passer un arrosoir d'eau fraiche sur le corps des animaux eux-mêmes.

A côté de ces soins spéciaux, utiles en tout temps, indispensables pendant la saison chaude, il ne faut pas oublier les *soins ordinaires* et donner aux porcs les aliments et les boissons nécessaires ; des détails sur la question seraient superflus. Quant à l'aération des wagons de porcs, elle n'est jamais trop vaste.

C'est pour les porcs surtout qu'il faut veiller à ce que les portières soient bien et fortement fermées, non pas à la simple ficelle, mais bien au verrou ; car, pour peu qu'il y ait un entrebaillement, ces animaux cherchent à coups de groin à agrandir l'espace qui leur donne la fraicheur ; bien vite la portière mal retenue céderait et les porcs iraient se promener sur la voie, s'exposer à toutes sortes d'accidents.

TRANSPORT DES MOUTONS. — Pour le transport des moutons en chemins de fer, les compagnies ont fait construire un matériel spécial ; ce sont des *bergeries* ou *wagons à deux planchers* superposés. C'est une voiture ayant les dimensions d'une forte vachère ordinaire, dont les parois sont de larges claires-voies en lattes ; le second étage est placé au milieu de la hauteur ; ordinairement ces voitures sont encore divisées dans la moitié de la longueur par une séparation transversale, de sorte que ce sont de grandes cages à quatre compartiments. Ces bergeries à deux planchers sont rationnellement construites et ne laissent en général guère à désirer sous le rapport de la position que les moutons sont obligés d'y prendre ; cependant elles n'ont en hauteur les dimensions convenables que pour les moutons de taille ordinaire et elles ne conviennent pas aux bêtes ovines de très grande taille, à celles de la Lombardie par exemple ; pour ces animaux il faut recourir aux vachères ordinaires, ce qui arrive bien souvent pour les transports ordinaires, parce que les bergeries sont relativement rares dans les gares. Il faudrait dans ces bergeries un râtelier ou plutôt une mangeoire, dans lequel on pourrait donner des dragées, du son et des farineux ; les moutons livrés à la consommation de Paris sont surtout condamnés à une longue abstinence bien plus forte que chez les bêtes bovines ; la privation de nourriture et de breuvage irait même à quatre jours, la durée d'un voyage de Westphalie ou de Pologne à Pontoise, au dire de quelques observateurs. (*Opinion nationale.*)

Le chargement et le déchargement des moutons sont faits par les soins des expéditeurs qui peuvent mettre dans les wagons un nombre illimité de moutons, sans responsabilité de la compagnie. Il n'y a de garantie que lorsqu'on ne dépasse pas les chiffres fixés qui sont pour le Nord de 25 moutons par plancher de wagon ; pour la ligne d'Orléans de 30, pour le Midi 40, pour l'Ouest 50 ; il n'y en a pas pour l'Est et la Méditerranée. La plupart de ces chiffres sont évidemment bien au-dessous d'une moyenne rationnelle, car si le chiffre toléré par la ligne de l'Ouest parait considérable, il ne l'est plus quand on voit la dimension de ces wagons qui ont 5ᵐ 80 et même 6ᵐ 20 de long sur 2ᵐ 50 de large. En Suisse, où les bergeries ont en moyenne 5ᵐ 25 de long et 2ᵐ 50 de large, l'on admet 60 moutons par plancher, et c'est là aussi ce que les bergers, qui vont aux marchés de Paris par Strasbourg et St-Louis, chargent dans les wagons de la compagnie de l'Est. Nous ne croyons pas qu'il y a là de l'exagération, puisqu'il y a quatre moutons environ par mètre carré ; il faut faire un peu de distinction suivant qu'ils ont toute leur toison ou qu'ils sont fraichement tondus. Ce chiffre serait cependant beaucoup trop fort, s'il était calculé pour laisser approcher tous les moutons d'une mangeoire générale ; il est calculé pour le mode de transport actuel, où l'on ne peut pas nourrir en voiture.

Bien souvent l'on dépasse ce chiffre et il est déjà arrivé qu'on en a placé 80 et même 87 sur un plancher, ce qui est aller beaucoup trop loin et s'exposer à de 1 ien grands mécomptes. C'est à la suite d'un extrême entassement de moutons dans des wagons, qu'au mois d'octobre 1866 l'on constata à Kehl une mortalité de 48 moutons sur un troupeau de 2,992 pièces venant de la Hongrie à destination de Paris ; 38 de ces animaux avaient péri en route et 10 durent être abattus à l'arrivée ; on crut un instant à l'existence du typhus contagieux ; mais l'autopsie faite par MM. Imlin, vétérinaire à Strasbourg, et Braun, vétérinaire à Korck, démontra que ces animaux étaient morts étouffés. Les 2992 moutons avaient été répartis en 18 wagons à deux étages, soit 175 moutons par wagon ou 87 par étage ; si dans ces conditions de chargement une bête se couche, ou si elle tombe par un choc, immédiatement sa place disparait ; elle est foulée aux pieds par les autres et dans l'impossibilité de se relever ; pour peu que le voyage dure quelque temps, elle succombe. — Tout récemment l'on a pu lire dans le *Times* la condamnation par le tribunal de police de Glocester, à 5 livres sterling d'amende et aux dépens s'élevant à 9 livres sterling, d'un propriétaire qui avait expédié 240 moutons dans six wagons allant d'Hereford à Glocester par le Great Western Railwag. Dans un de ces wagons, mesurant 11 pieds de long sur 7 de large, on avait entassé 74 moutons, qui piétinaient les uns sur les autres et qui sont arrivés à destination dans un état déplorable ; un d'eux était mort et affreusement mutilé.

Beaucoup d'expéditeurs, peu confiants dans leurs conducteurs, ont soin de faire plomber leurs wagons jusqu'à destination ; si c'est là une bonne précaution commerciale, elle n'est pas recommandable pour les animaux ; en effet, si de Vienne à Kehl, de Strasbourg à Paris, l'on maintient les animaux enfermés, il n'est pas possible aux conducteurs de leur porter secours en cas d'accidents ou de leur donner les soins nécessaires.

Nous avons souvent entendu des bergers dire que les moutons ne supportent pas un trop long voyage en chemins de fer et qu'il faut toujours alterner avec une étape à pied ; c'est ce que font les bergers de la Bavière, de la Saxe et du Wurtemberg ; ils disent que le mouton n'urine pas en wagon et qu'alors il tombe malade et meurt facilement ; d'après M. May, professeur-vétérinaire à Weihenstephan, le mouton est en effet très prédisposé à la dysurie et il périt facilement d'urhémie. Quoiqu'il en soit de ces explications, l'on ne peut qu'approuver ces bergers ; la gymnastique de la marche et les aliments qu'ils trouvent en route, sont préférables à l'air enfermé d'un wagon où rien n'est disposé pour l'alimentation. Quelques-uns se contentent d'une promenade de deux heures (de la gare de Kehl à celle de Strasbourg) ou d'un parcage, etc.

En même temps que son permis le berger reçoit un permis pour son chien ; la compagnie du Midi accorde même deux chiens par berger.

Transport des chiens. — Le transport des chiens n'est accepté que quand ils sont accompagnés ; ils doivent en outre être muselés, quelle que soit le saison. Le prix à payer pour le transport des chiens varie suivant les compagnies ; il se paie tantôt par tête, tantôt par kilomètre ; dans tous les cas, il est toujours assez élevé et l'on aurait droit en retour à des soins convenables. « Les chiens, qui paient bel et bien leur place, dit M. le Dr Blatin (*Nos cruautés*, p. 234), sont traités, en chemin de fer, comme s'ils n'étaient qu'une surcharge ; comme s'ils n'avaient pas un maître ; et, ce qui paraîtra plus fort à bien des gens, comme s'ils n'avaient ni prix ni valeur. Souvent, au moment de l'ouverture de la chasse, à raison de l'insuffisance du matériel, les chiens, mâles et femelles, de tout âge, de toute force, de toute race, sont enfermés ensemble, dans d'étroites niches. Libre aux plus agressifs d'attaquer les plus timides, aux plus vigoureux d'étrangler les plus faibles. Une chienne de race sortira de son cabanon pour donner, plus tard, à son maître qui l'a payée fort cher, des produits bâtardés, informes. Cependant, la prudence et les règlements exigent que ces animaux soient toujours séparés les uns des autres. »

Les niches à chiens sont ordinairement dans le fourgon du conducteur, sous la vigie ; les chiens de taille ne peuvent y tenir debout ; il y en a où ils ne peuvent même pas se coucher à plat-ventre avec la tête relevée. Cette exiguité des dimensions est très incommode pour l'animal ; elle prédispose aux asphyxies durant les fortes chaleurs, aux congestions sanguines vers la tête. — Elle a encore un autre inconvénient ; si un chien atteint de gale se trouve logé dans une de ces niches, il frotte son dos contre le plafond et y laissera de ses acares ; un autre chien qui prendra cette place trouvera ces acares, les enlèvera avec ses poils et deviendra galeux à son tour. C'est ainsi que la gale se propage facilement parmi les chiens de chasse, comme cela a été constaté par la société vétérinaire du Nord et du Pas-de-Calais.

Ces niches ont encore l'inconvénient d'être souvent ouvertes en divers sens et d'exposer ainsi les animaux à un courant d'air constant ; on éviterait les mauvais effets de ce courant d'air par une bonne litière, et on lui laisserait ses bons effets, en ce qu'il rafraîchit et renouvelle l'atmosphère de ce local trop bas et trop étroit.

Il faudrait dans certains cas permettre aux maîtres, notamment aux chasseurs, de prendre les chiens dans leur compartiment ; ce sera très facile si c'est une société de chasseurs ; la même tolérance pourrait s'appliquer aux petits chiens de dames. « Ne serait-il pas possible, dit M. Blatin, de réserver à chaque train un wagon mixte contenant les trois classes et destiné aux voyageurs qui tiendraient à ne pas se séparer de leurs chiens ? » M. Evariste Thévenin, dans son mémoire (*Almanach général des chemins de fer*, 1869, p. 90), dit qu'il est inutile d'insister sur la facilité pratique et la simplicité efficace de ce moyen.

Quant à la muselière nous en comprenons l'utilité, si l'on met dans une même niche deux chiens qui ne se connaissent pas, mais pas autrement, à moins qu'il ne s'agisse d'un chien méchant.

Nous comprenons très bien pourquoi les chiens, même lorsqu'ils sont expédiés en cages, ne peuvent être transportés qu'en grande vitesse ; c'est une mesure qui devrait être appliquée à tous les animaux de petite taille, tels que : chats, cochons de lait, cochons d'Inde, lapins, singes, écureuils, oiseaux, placés dans des paniers, qui sont acceptés à la petite vitesse, l'on ne sait trop pourquoi.

Transport des volailles. — Les volailles vivantes sont transportées en cages ; ce sont des cadres ou paniers carrés, à claires-voies, où on loge de 25 à 30 volailles ; ils ont 1^m 20 de long, 0^m 50 de large et 0^m 30 de haut. C'est ainsi que la Bresse expédie de la volaille à Paris, à Bade et dans les divers endroits d'eaux de la Suisse ; c'est ainsi que le Midi et l'Ouest en expédient sur Paris. Ces cadres sont toujours expédiés en grande vitesse, mais ils restent néanmoins un temps trop long en route. Il meurt un nombre assez considérable de ces petits animaux, surtout pendant les fortes chaleurs.

Il faudrait que ces cadres ne puissent pas être superposés directement, mais que des blocs de bois placés aux quatre coins en augmentent la hauteur et obligent à laisser un espace entre le plafond de l'un et le plancher de l'autre. De cette manière les pauvres volatils pourraient commodément passer la tête par les claires-voies du plafond et prendre les grains qu'on dépose dans l'écuelle qui divise le plafond en deux ; ils ne risqueraient plus de se voir à tout moment décapités, quand les agents déposent une cage sur une autre et que, par malheur, il y en a qui ont sorti la tête pour prendre l'air.

Les volailles doivent être nourries en route ; il faut aussi leur donner de l'eau ; on fera bien de les placer dans un endroit frais, où il y ait un peu des courants d'air ; en été on devra rafraîchir par un arrosage le quai où on les dépose.

Transport d'animaux non dénommés. — On transporte aujourd'hui toute espèce d'autres animaux pour les jardins de zoologie ou pour des amateurs. Tous ces animaux doivent être transportés en cages à claires-voies et l'expéditeur, comme les agents du transport, doivent veiller à ce qu'on n'enlève pas l'air à l'animal, par exemple en recouvrant la cage avec d'autres colis, ce qui peut arriver dans la précipitation des expéditions.

Inutile d'insister sur le besoin de nourrir et de donner des soins spéciaux pendant le transport. Une recommandation aux agents de la compagnie suffira quelquefois, mais bien souvent on fera bien de faire accompagner l'expédition. — Leur expédition devrait toujours se faire en grande vitesse.

DES ACCIDENTS.

Nous n'avons que quelques mots à dire des accidents de tous genres qui peuvent arriver durant le transport et qui peuvent résulter de l'état de la voie, de la défectuosité du matériel, de l'imprudence ou de la négligence des agents, etc.... Ils sont de deux genres : les accidents de force majeure, les accidents qu'on aurait pu prévoir ou empêcher. Il va sans dire que les premiers ne sauraient entrainer la responsabilité des compagnies, tandis que les seconds tombent sous l'effet des art. 1382 et suivants du code civil relatifs à la responsabilité lors de dommages ; les compagnies ne sauraient être responsables d'accidents *exclusivement* imputables à l'imprudence des expéditeurs ou des toucheurs. Si dans l'accident il y a eu des animaux blessés ou tués, la compagnie, d'accord avec l'expéditeur, s'il y a moyen, devra, dans le plus bref délai possible, demander le concours d'un vétérinaire. Celui-ci doit avoir plein pouvoir de faire immédiatement le nécessaire et même, s'il le faut, pour faire la part complète du feu et ordonner le sacrifice immédiat des animaux qu'il n'y a pas d'espoir de voir se sauver immédiatement. Il doit de suite donner tels soins médicaux et chirurgicaux qu'il jugera utile et éviter ainsi des souffrances inutiles. S'il s'agit d'animaux de boucherie blessés, l'abattage sera une des meilleures mesures à ordonner, parce qu'on en trouvera facilement l'écoulement chez les populations et même souvent on pourra encore tirer parti des animaux morts, si l'on a soin de les vider le plus tôt possible, de leurs viscères.

Il est quelquefois arrivé que, pour des constations judiciaires, on n'a pas agi ainsi et l'on a laissé souffrir assez longtemps de pauvres bêtes ; en agissant ainsi, l'on ne maltraitait pas seulement des animaux, mais encore l'on augmentait la perte matérielle et souvent l'on rendait la viande inutilisable. Les constatations légales sont tout aussi possibles après les premiers soins vétérinaires et peuvent se faire sur les animaux pansés ou sur les animaux abattus, tout aussi bien que quand on ne fait rien ; l'on évite ainsi bien des complications ; le vétérinaire ainsi appelé sera toujours utilement consulté par les tribunaux.

L'art. 23 des Tarifs généraux (36 pour la grande vitesse) dit qu'en cas d'accident survenu à des animaux en cours de transport, la responsabilité des compagnies reste limitée à 5,000 francs par tête si la note de remise ne mentionne pas une valeur supérieure. — C'est que les animaux dont la valeur déclarée excéderait 5,000 francs sont taxés moitié en sus du prix fixé par le Tarif général pour les animaux de la même espèce.

NETTOYAGE ET DÉSINFECTION DES WAGONS DE CHEMINS DE FER.

Nous n'avons pas eu l'occasion de recommander la plus grande propreté des wagons qui servent au transport des animaux ; les wagons et compartiments, les ponts et autres objets doivent être bien lavés dès qu'ils ont servi ; c'est là un règlement de simple hygiène qui se trouve recommandé dans toutes les gares et qui concerne les compagnies, mais que souvent l'on n'exécute pas faute de temps, parce que le wagon ne doit pas être retenu trop longtemps dans la gare d'arrivée, à cause des frais de retard et de magasinage à payer. L'essentiel à nettoyer est le plancher sâli par les excréments qui se trouvent quelquefois fortement accumulés dans les wagons ; ce lavage ne se fait bien qu'à l'eau chaude presque bouillante ; on en trouvera toujours facilement au tender d'une locomotive, à moins de gare trop importante, où il faudra une disposition spéciale ; l'eau froide ne sera jamais de la même utilité, puisqu'en hiver la masse des excréments est gelée et qu'en été elle est trop sèche. Dans certaines gares, en Allemagne surtout, il y a toujours une provision d'eau bouillante qui sera très utile en cette circonstance. Sous ce rapport l'on a fortement recommandé dans quelques pays les planchers imprégnés d'huile, qui ont le double avantage de se mieux conserver et de ne pas se laisser imprégner par les liquides de l'urine ou des excréments ; en cas de maladie contagieuse ils ont l'avantage de ne pas retenir les virus. L'on a aussi conseillé les planchers doublés en tôle ; mais il est à craindre que l'avantage de ne pas se laisser imprégner de liquides, serait fortement contrebalancé par les glissades plus faciles et d'autres accidents (des blessures, etc.)

Si un nettoyage à fonds est en tout temps nécessaire dans les wagons servant au transport d'animaux, à plus forte raison doit-il être complet quand le transport se fait dans, pour ou à travers un pays où sévit une maladie contagieuse ; il faut que les wagons ne servent pas à la propagation de ces maladies. On voit aujourd'hui bien des propriétaires qui, pour que la fièvre aphteuse, la péripneumonie ou quelque autre maladie contagieuse, ne fasse pas de trop grands ravages chez eux, vident toute leur étable et, profitant des chemins de fer, déversent leur bétail sur le marché parisien ou dans une autre grande ville. Les wagons qui ont servi à ces transports risquent d'infecter les animaux qu'on y placera plus tard, et l'on peut ainsi compromettre la santé des animaux de toute une contrée. C'est ainsi qu'en 1862 la fièvre aphteuse s'est déclarée dans tout le bétail amené à l'exposition universelle de Londres. En Autriche, lorsque l'on craint la propagation de la peste bovine, la circulation des bandes de bêtes bovines est interdite sur les routes ordinaires, et le transport ne doit s'en faire que par chemins de fer ; c'est ainsi que la Bohême a su depuis de longues années se défendre de la peste bovine.

Les boucheries de petites localités peuvent s'approvisionner de bétail dans leur circonscription, et il n'y a que les grandes villes qui aient besoin de recourir à l'importation ; celles-ci se trouvent toutes sur une ligne de chemins de fer, de sorte qu'on ne porte aucun préjudice à l'approvisionnement des villes en défendant la circulation des bêtes étrangères sur les routes ordinaires ; d'ailleurs, pour ces transports à grandes distances, les administrations autrichiennes ont fait construire des wagons spéciaux ; dans beaucoup de ces villes le chemin de fer dépose le bétail dans l'abattoir même dont il ne doit sortir qu'en quartier.

En ces cas un simple nettoyage ne peut évidemment suffire et il faut la désinfection, c'est-à-dire enlever ou détruire les virus. En 1865, le congrès international vétérinaire de Vienne s'est occupé de cette question et a proclamé l'urgence d'une réglementation sous ce rapport ; déjà l'Autriche, par une ordonnance du mois d'octobre 1862(1), la Suisse, par un arrêté de 1863, avaient pris des mesures en ce sens et ordonné la désinfection dans certains cas, toujours un nettoyage régulier. Des règlements existent pour la Bavière et le duché de Bade, ainsi que pour toute la confédération dn Nord ; rien de ce genre n'existe encore en France. Il est urgent que, lors de maladies contagieuses graves, tous les wagons qui ont servi au transport d'animaux soient désinfectés ; des soins spéciaux doivent être donnés aux wagons ayant transporté les malades. Les soins spéciaux devraient incomber aux propriétaires qui, par exemple sur les conseils d'une commission sanitaire, expédient leur bétail malade vers les abattoirs d'une grande ville, ou bien à ceux qui, par mauvaise foi, feraient un trafic défendu ; les frais généraux de désinfection devraient incomber aux compagnies qui pourront s'en faire indemniser par un petit supplément sur leur tarif. Le congrès de Vienne a émis le vœu que cette désinfection fût toujours faite sous la surveillance d'un vétérinaire, qui indiquera le mode de désinfection à employer suivant la nature du virus.

Il est des pays où la désinfection devrait toujours marcher de front avec le nettoyage des wagons ; tels sont : la Hongrie, la Gallicie, la Pologne, qui reçoivent beaucoup de bétail des steppes, non pas pour la boucherie, mais pour l'entretenir, l'engraisser et le garder quelque temps, et l'expédier ensuite à Vienne ou plus loin ; de cette manière l'on diminuerait sensiblement les dangers d'importation de la peste bovine vers l'Europe occidentale. C'est M. Zlamal, un des premiers vétérinaires de la Hongrie, qui a soulevé ce point de la question lors du congrès de Vienne.

Arrivons aux moyens à employer pour désinfecter ; nous distinguerons des moyens généraux à employer dans tous les cas et sur une vaste échelle utilisables, par exemple, en Hongrie et les divers états de l'Autriche, ainsi que dans les pays infectés ; et des moyens spéciaux à employer dans des cas spéciaux, après le transport d'un wagon d'animaux reconnus malades ou suspects.

(1) Depuis l'époque où ceci a été écrit, on a organisé sur les chemins de fer autrichiens un service assez complet de désinfection ; il y a des stations qui sont exclusivement désignées pour le débarquement des animaux venant de contrées suspectes et qui sont pourvues d'un excellent service de désinfection, sous surveillance vétérinaire ; la même chose vient de s'organiser en Saxe.

Les moyens généraux doivent être économiques, de facile et prompte exécution et cependant suffisamment actifs. La facile et prompte exécution se comprendra facilement, quand on saura qu'à la gare de Floridsdorf, près Vienne, il y a souvent de 200 à 500 wagons à nettoyer et à désinfecter en 24 ou 36 heures, wagons qui, dans la nuit du samedi au dimanche, ont amené 2 à 4000 pièces de bétail venant de Lemberg, de Grosswardein, d'Arad, de Temesvar, de Basiach, etc., c'est-à-dire du bétail polonais, podolien et hongrois, du bétail presque toujours suspect de peste bovine, très souvent déjà infecté ou atteint de ce mal. M. Muller, professeur à l'Ecole vétérinaire de Vienne, a longtemps surveillé cette désinfection de Floridsdorf, et a déclaré au congrès qu'elle se fait bien et convenablement. Les règlements autrichiens prescrivent un premier lavage des wagons à l'eau bouillante, un second lavage à la lessive chaude et enfin une bonne aération ; cette manière d'agir a été reconnue suffisante dans les cas généraux par la majorité des vétérinaires présents au congrès ; cependant M. Gerlach dit qu'il préférerait aux lavages à l'eau bouillante, qui nécessairement ne s'appliquera qu'à une température de $65°$ à $70°$, des douches de vapeurs d'eau bouillante qu'on pourrait appliquer à $100°$ et même au-dessus, température nécessaire pour bien tuer les virus. Il croit que par ces douches l'on pourrait se passer de la soude, qui altère les peintures et enlève l'huile qui imprègne les bois, cette huile qui elle-même empêche les bois d'être imprégnés de virus. M. Fuchs aurait aimé voir les planchers faits en bois imprégné de chlorure de zinc ou même de sublimé. Nous croyons que le permanganate de potasse ou de soude serait bien plus utile ; en noircissant le plancher il ne nuirait pas et il y a réellement peu de substances plus désinfectantes ; car il donne naissance à de l'oxygène naissant, à de l'ozone, qui détruit les miasmes et les virus ; l'oxyde de manganèse qui se produit serait utile à la conservation des bois qui seraient durcis ; le permanganate brut est aujourd'hui à un prix tellement bas que son emploi serait des plus économiques et que les compagnies devraient y recourir le plus souvent possible, même en dehors des époques où l'on craindrait des maladies contagieuses.

Dans les cas spéciaux les moyens pratiques ne pourraient pas s'écarter de beaucoup des moyens généraux ; il n'est pas facile de recourir aux procédés chimiques qui auraient l'inconvénient de s'attaquer aux métaux qui garnissent l'intérieur des wagons et même au bois ; tout au plus pourrait-on recourir pour des wagons fermant hermétiquement aux effets du chlore sec, mais non au chlore humide ou alcalin. Un moyen à employer cependant, ce serait l'acide phénique en suspension dans les douches de vapeur d'eau bouillante ; ce serait très facile ; une locomotive fournirait la vapeur et un tube en caoutchouc, coupé par un réservoir renfermant l'acide phénique, servirait à faire les douches, qu'on pourrait faire pénétrer dans tous les coins et fentes du wagon. Ce traitement serait sûrement supérieur à celui par le sulfate de fer recommandé par M. Perosino, qui décompose l'ammoniaque, mais ne s'adresse guère aux virus. C'est toujours le permanganate en solution (cinquante grammes par litre) que je recommanderai pour le plancher après un premier lavage qui aurait enlevé les excréments. — Une bonne aération des wagons largement ouverts sera le complément utile, indispensable même de tout nettoyage et surtout de la désinfection ; cet aérage s'obtient surtout facilement si le wagon retourne à vide au lieu de production des animaux. Il faut aussi surveiller l'emploi du fumier provenant de ces wagons ayant transporté du bétail malade ; il faut des soins de propreté et de désinfection pour les ponts, les pelles et les balais dont on se sera servi ; les hommes d'équipe eux-mêmes, qui auront servi à l'embarquement ou au débarquement de ces animaux, devront se soumettre à certaines précautions que le bon sens et la prudence indiqueront ou que le vétérinaire ordonnera.

Ajoutons qu'en l'absence de toute réglementation, le propriétaire, qui craint une maladie contagieuse, a le droit au moment de l'expédition de demander cette désinfection des wagons, qui se fera nécessairement à ses frais ; pour cela il s'entendra avec les agents de l'administration, prendra bien soin que les moyens employés ne détériorent pas le matériel et fera bien de veiller à la bonne exécution de l'opération. Dans tous les cas, le wagon qu'il doit occuper doit être bien propre ; il doit avoir été bien nettoyé par les employés de la gare. La quantité de fumier que l'on se fait ainsi dans quelques gares et qu'on peut vendre à l'agriculture, est souvent assez grande pour payer des employés spéciaux.

RÉSUMÉ ET CONCLUSIONS.

Il résulte de l'examen assez long que nous avons fait de la question du transport des animaux en chemins de fer, qu'il y a de nombreuses améliorations à introduire dans le mode de transport. Tantôt il y a quelques modifications dans le cahier des charges qu'il faudrait imposer aux compagnies, tantôt c'est une modification dans le matériel, où il y a souvent encore des moyens quasi-primitifs, n'harmonisant nullement avec l'importance et la spécialité des transports.

Il ne s'agit pas seulement dans la question d'accorder de la protection aux animaux, d'avoir de la justice et de la compassion pour nos humbles serviteurs; mais il s'agit des intérêts du commerce, des intérêts du public, des consommateurs et de leur santé, des intérêts des compagnies elles-mêmes. Il n'y a que peu à redire sur les transports à grande vitesse, mais beaucoup pour la petite vitesse où il y a du matériel nullement approprié aux besoins. L'on nous objectera peut-être la différence de prix qui est moitié de la grande vitesse, et même moindre pour les wagons complets à tarifs spéciaux; on nous dira que les compagnies ne peuvent pas donner égalité de confort; mais nous ne réclamons nullement le confort et ne demandons que le nécessaire qui fait trop souvent défaut. Nous serions d'ailleurs assez mal reçus de demander le confort pour nos animaux, quand il n'est pas même accordé à l'homme. Aussi longtemps que les voyageurs en seconde ou en troisième classe n'auront pas droit en hiver à des calorifères, etc. ; aussi longtemps qu'on n'aura pas adopté pour nos prochains les systèmes de chauffage que les compagnies françaises seules paraissent ne pas vouloir adopter; aussi longtemps qu'on n'aura pas de garanties contre les assassinats ou les incendies par l'adoption d'un autre système de wagons; aussi longtemps qu'on persistera à entasser dix voyageurs dans un compartiment où il n'y a de place que pour huit; aussi longtemps qu'on n'aura pas pris en considération les diverses réclamations très justes, qu'il serait trop long d'énumérer ici, et qui auraient pour but de faciliter les voyages en chemins de fer et d'augmenter le nombre des voyageurs; aussi longtemps qu'on ne verra dans le voyageur qu'un colis, il faut savoir borner les prétentions pour les animaux et ne demander que le nécessaire; il faut que les wagons soient construits de manière à satisfaire aux besoins des animaux et que ceux-ci ne souffrent pas durant le transport.

Nous demandons que les compagnies ne laissent pas tout faire par les expéditeurs ; elles ne doivent laisser loger un nombre trop considérable d'animaux dans leurs wagons ; que leur responsabilité ne soit pas couverte si facilement, mais qu'elles soient tenues à une certaine surveillance par leurs employés et surtout par les commissaires de l'administration, pour voir si les expéditeurs, conducteurs ou toucheurs font leur devoir et s'ils ne sont pas passibles de la loi Grammont. Qu'on détermine rigoureusement le nombre d'animaux de telle ou telle espèce que chaque wagon doit ou peut contenir.

Que pour l'embarquement et le débarquement il y ait *dans toutes les gares* des ponts appropriés, lesquels doivent être munis de garde-fous.

Que les compagnies continuent à expédier les bestiaux le plus vite possible et empêchent qu'ils ne restent trop longtemps en route ; mais que cette durée du trajet soit réglée, et non un peu arbitraire comme elle l'est aujourd'hui. Ce n'est qu'en ce sens que nous pouvons comprendre la proposition du congrès des sociétés protectrices à Zurich de diminuer la durée du transport par une réglementation de la marche des trains.

Pour les chevaux voyageant en grande vitesse, il n'y a qu'à faciliter par une réduction de prix la présence du palefrenier qui est indispensable ; pour ces mêmes animaux voyageant en petite vitesse, il faudrait un système de voitures intermédiaires entre les wagons-stalles et les vachères ; ces dernières ne devraient servir à aucune condition au transport des chevaux et les compagnies seront toujours responsables des accidents y survenus ; elles rendent impossible la présence d'un palefrenier pour surveiller et rassurer les animaux et pour les nourrir pendant le transport.

Les vachères vont mieux aux bêtes bovines ; mais pour les transports à grande distance il y manque les dispositions nécessaires pour l'alimentation et l'abreuvage pendant le transport ; il faudrait qu'on puisse nourrir dès que le voyage dure plus de douze heures.

Dans le transport des petits animaux, veaux, porcs et moutons, il manque également de quoi nourrir en route ;

il n'y a pas non plus de facilité pour la surveillance par les toucheurs. — Pour le transport des volailles, il faut empêcher la superposition des cages.

Dans un transport quelconque, il ne faut pas oublier que l'animal, avant d'être mis en wagon, doit être bien nourri, afin qu'il puisse supporter les privations ; que, de suite après le voyage, on donne un peu d'exercice pour dégourdir les membres. Les compagnies doivent concourir à empêcher la propagation des maladies contagieuses et porter ses soins à la désinfection des wagons ayant servi au transport d'animaux suspects.

Avec M. Blatin nous ajouterons qu'il devrait y avoir, à l'entrée comme à l'intérieur des gares, des affiches permanentes de la loi Grammont ; qu'il faudrait augmenter la sévérité des instructions données aux agents, de façon que la loi protectrice ou les règlements provoqués par son esprit ne puissent être violés impunément par les propriétaires d'animaux, par les conducteurs, toucheurs et autres agents intermédiaires.

Avec le congrès international des sociétés protectrices, qui s'est tenu à Zurich en 1869, nous demanderions l'inspection sanitaire des bestiaux au départ et à l'arrivée ; cette inspection serait surtout très utile dans les grands transports, là où il y a un service international d'approvisionnement, et concourrait à empêcher la propagation des maladies contagieuses.

NOTES ADDITIONNELLES

a) *Transport des bestiaux en petite vitesse en 1867 et 1868.*

Nous trouvons dans l'almanach des chemins de fer pour 1870, rédigé par M. Thévenin, les chiffres suivants :

Lignes.	1867	1868
Lyon	1,013,596	986,983
Est	1,131,782	1,192,837
Ouest.	1,192,901	826,479
Orléans	1,302,746	1,140,755
Nord	580,738	905,629
Midi	402,311	454,073
Totaux . . .	5,624,074	5,506,756

Nos compagnies ont donc transporté en 1868 117.318 têtes de bétail de moins qu'en 1867, réduction qu'explique le grand mouvement vers Paris qu'a occasionné l'exposition universelle de 1867. Le chiffre n'en est pas moins supérieur d'un demi-million à ce qu'il était en 1866, ainsi qu'on peut le constater en comparant aux tableaux de la note de la page 2 de ce travail.

b) *Comparaison officielle des chemins de fer français et anglais.*

On lit à la page LI de la première partie du rapport de la commission d'enquête nommée par M. le ministre des travaux publics :

« En Angleterre, le transport des marchandises n'est assujetti légalement à aucun délai déterminé. Les seules dispositions législatives, qui concernent le délai de transport et de livraison, portent simplement que les compagnies de chemins de fer devront effectuer le transport *dans un délai raisonnable.* Mais, dans la pratique, les compagnies ont interprété ce terme si vague de la loi par une célérité très remarquable, même en ce qui concerne la petite vitesse. »

Un peu plus bas le même document continue en ces termes :

« Ainsi, en fait, quoiqu'elles ne se trouvent en face d'aucune obligation légale à cet effet, les compagnies anglaises expédient et délivrent la marchandise dans un délai extrêmement court, par le service ordinaire répondant à notre petite vitesse. Sur toutes les lignes importantes, sans exception, les colis remis dans la journée sont expédiés le soir même et délivrés aux destinataires très peu de temps après l'arrivée du train. L'usage ordinaire dans les grandes gares est de recevoir les marchandises jusqu'à deux heures avant le départ du train.

« Pour donner une idée plus précise de la supériorité du service ordinaire des compagnies anglaises sur le service de la petite vitesse des compagnies françaises, nous ajouterons que, sous le régime qui a été établi en France par l'arrêté du 15 avril 1859, la livraison au domicile du destinataire aurait lieu comme suit :

« D'Aberdeen à Londres (559 milles ou 899 kilomètres, un peu plus que de Paris à Marseille), la marchandise

serait livrée *le onzième jour*, au lieu de l'être après 40 *ou*
45 *heures.*

« D'Edimbourg à Londres (399 milles ou 643 kilomètres,
c'est-à-dire plus que de Paris à Bordeaux), le *neuvième
jour*, au lieu de 30 *ou* 40 *heures.*

« De Bristol à Londres (118 1/2 milles ou 191 kilomètres,
un peu moins que de Paris au Hâvre), le *sixième jour*,
au lieu de 14 *heures.*

« De Manchester à Londres (218 3/4 milles ou 304 kilomètres) le *septième jour*, au lieu de 14 *heures.*

Il résulte de ces rapprochements qu'une marchandise
parcourant 300 kilomètres met en France 168 heures ou 7
jours, tandis qu'il ne lui faut que 14 heures ou une demi-
journée en Angleterre. Il faut en France 12 fois plus de
temps qu'en Angleterre. (Extrait de l'*Almanach général
des chemins de fer* pour 1870, p. 161).

Nous avons constaté que pour les transports des animaux,
nos compagnies françaises ne s'en tiennent pas aux délais
qui leur sont accordés et qu'elles expédient plus vite qu'il
ne leur est prescrit ; mais combien, même en ce cas, elles
sont encore inférieures à nos voisins d'Outre-Manche !
Combien elles pourraient encore réduire la durée des souffrances des animaux !

c) *Résolution adoptée par le congrès international des
sociétés protectrices des animaux, tenu à Zurich les 2, 3,
4, 5 et 6 août 1869, relative au transport des animaux
en chemins de fer.*

Toutes les sociétés protectrices des animaux sont instam-
ment priées d'appeler l'attention des gouvernements et des
autorités locales sur la nécessité de réglementer le transport du bétail par les chemins de fer, principalement pour
empêcher :
1° La propagation des maladies contagieuses ;
2° Les mauvais traitements inutiles auxquels les animaux
sont exposés pendant le transport.
Pour atteindre ce double but, le congrès croit devoir recommander les mesures suivantes :
1° La promulgation d'une loi pour empêcher la propagation des maladies contagieuses (à l'exemple de l'Allemagne
du Nord, dont la loi du 7 avril 1869 règle les mesures à
prendre contre la peste bovine) ;

2º Le perfectionnement des wagons destinés au transport du bétail ;

3º L'adoption d'un modèle de wagons commodes, facilitant et accélérant le chargement et le déchargement des bestiaux, notamment dans les grandes gares ;

4º La construction d'abattoirs avec des étables de dépôt attenantes ;

5º L'inspection sanitaire des bestiaux au départ et à l'arrivée ;

6º L'organisation et la surveillance d'un service pour abreuver les animaux pendant le transport, et pour les faire manger immédiatement avant le chargement ;

7º L'abolition du tarif fixant le prix du transport (par chargement de wagons, et l'introduction d'un nouveau tarif établissant ce prix en raison du nombre d'animaux transportés ;

8º L'obligation d'indiquer extérieurement, sur chaque wagon, le maximum de pièces de bétail de chaque espèce qu'il peut contenir ;

9º La diminution de la durée du transport par une réglementation de la marche des trains.

Imprimerie J. Bœhrer à Altkirch.

[illegible]